污泥电渗透脱水技术

马德刚　刘庆岭　于晓艳　著

天津大学出版社
TIANJIN UNIVERSITY PRESS

内容简介

本书基于污泥的来源、特征、危害以及污泥的常规处理与处置办法等背景情况,介绍了电渗透脱水的技术原理、工作过程、优势和不足、技术发展现状等,展示了这一技术的特点与良好的应用前景。通过理论分析和大量实验数据,介绍了影响污泥电渗透脱水效果的主要因素和改进措施,为验证污泥稳定化、无害化处理的效果,建立了电渗透脱水模型,并对现有电渗透脱水设备进行了分析,提出了新型脱水设备形式并通过实验测试了其可行性。

本书可供从事污泥处理与处置研究的广大学者和从事污泥处理与处置工作的工程技术人员、建设管理人员等相关专业人士参考和使用。

图书在版编目(CIP)数据

污泥电渗透脱水技术/马德刚,刘庆岭,于晓艳著. — 天津:天津大学出版社,2020.5
ISBN 978-7-5618-6652-8

Ⅰ.①污… Ⅱ.①马… ②刘… ③于… Ⅲ.①污泥脱水–电脱水 Ⅳ.①TE357.6②TE624.1

中国版本图书馆 CIP 数据核字(2020)第 061145 号

出版发行　天津大学出版社

地　　址	天津市卫津路 92 号天津大学内(邮编:300072)
电　　话	发行部:022-27403647
网　　址	www.tjupress.com.cn
印　　刷	北京盛通印刷股份有限公司
经　　销	全国各地新华书店
开　　本	169 mm×239 mm
印　　张	11.5
字　　数	232 千
版　　次	2020 年 5 月第 1 版
印　　次	2020 年 5 月第 1 次
定　　价	36.00 元

前　言

近年来,污泥的处理与处置成为环保界重点关注的内容。污泥含水量较高,深度脱水困难,且污泥脱水的能耗与费用较高,这些都是制约污泥减量化、无害化和资源化利用的因素。大量的研究和实践集中于污泥改性、调质方面以及深度脱水方法和设备的研制方面,其中深度脱水方法中的污泥电渗透脱水(简称"电脱水")正是本书的研究课题。

尽管电脱水技术出现较早,但国内相关研究并不多,也缺乏系统性。本书依托国家自然科学基金项目"基于渗流理论的污泥高干弱超声电脱水技术基础研究"(No.51278334)和天津市应用基础及前沿技术研究计划"吸附分离对城市污泥电脱水过程的改进特性研究"等,从污泥电脱水的理论与模型分析、操作条件影响与优化、应用特性分析、技术改进措施、设备研制等方面开展了系列研究工作。参与研究以及本书编写的人员为课题组成员,包括马德刚、刘庆岭、于晓艳、裴杨安、赵娴、朱红敏、翟君、柯忱、钱婧婧、苑梦影、林森等,同时张书廷老师给予了部分指导。本书在出版过程中还得到国家重点研发计划"固废资源化"重点项目"高寒高海拔生态脆弱区城市多源固废综合处置及集成示范"的支持。

本书基于天津大学环境科学与工程学院"泥＆土实验室"相关课题的研究结果,通过内容的重新整合与编排,对污泥电脱水的基本概念和特性进行了系统性展示。其内容均基于实验室研究,部分应用于工程实践中,可为项目研究、技术开发、工程应用等提供参考和借鉴。因污泥的复杂性和差异性以及本书所涉及研究条件的限制,相关内容和结论可能存在较大的局限性,欢迎广大同行及从业者批评指正。

作者

2020 年 1 月

■ 目 录 ■

第1章　背景介绍

1.1　污泥的来源、分类、组成和危害

1.1.1　污泥的来源

随着经济的飞速发展,我国人民的生活水平在不断提高,环境和生态问题得到了越来越多的关注,水环境和水生态问题更是国家和人民关注的重点。为了解决水污染问题,国家对污水的处理率以及排放标准的要求在不断提升,而污水处理厂在污水处理方面扮演了重要的角色。现在污水处理的主流工艺是生物处理法。生物处理法的原理是微生物将污水中的污染物分解吸收,并以沉淀的方式将其和清水分离。虽然一部分污染物会被降解成 CO_2、N_2 等气体排出,但大部分污染物会以不同的形式富集在二次沉淀池(以下简称"二沉池")的底部,形成剩余污泥[1]。据统计,污泥的产生量是污水处理量的 0.5% ~ 1%[2]。

更高的生活和生产水平必然会引发用水量的大幅上升,随之而来的就是污水产量的逐年攀升。截至 2016 年 3 月,我国已建成 3 900 多座城镇污水处理厂,每天最多可以处理 1.67 亿 m^3 污水。据了解,2010 年市政污泥产量在 2 500 万 t 左右(含水率为 80%),而 2015 年这个数字涨到了 3 500 万 t。预计到 2020 年,我国的市政污泥产量将达到 6 000 万 ~ 9 000 万 t[3]。

1.1.2　污泥的分类

在自然界中,污泥的产生主要源于水体中固体物质的沉降,污泥由可沉淀的颗粒物构成,因此只有沉淀下来的才称为污泥[4]。环境领域中所指的污泥主要是产生于给水处理和污水处理过程中的固液相混合物质,也被称为市政污泥。市政污泥中含有大量水分,也含有微生物细胞、胞外聚合物(EPS)以及其他无机物质和有机物质[5]。市政污泥可以根据其来源和成分分为以下两类。

1)按来源分类

市政污泥根据其来源主要划分为水厂污泥、污水污泥、疏浚污泥、通沟污泥等。

水厂污泥是给水厂对原水进行净化处理的产物,其成分主要是水源水中的悬浮物质、有机杂质以及处理过程中形成的沉淀物质。

污水污泥是污水厂对生活污水或工业废水进行净化处理的产物,根据污水处理过程的不同阶段,可将污水污泥进一步细分为初沉污泥、剩余活性污泥、腐殖污泥以及化学污泥等。

疏浚污泥、通沟污泥是在对城镇水体进行定期疏浚以及对排水管道进行清掏的过程中产生的淤泥和沉积物质。

2)按成分分类

根据有机质含量的不同,可将市政污泥划分为土质污泥和有机污泥。

土质污泥主要包括水厂污泥、疏浚污泥以及通沟污泥,其特点为硅铝含量高,有机质含量低,干基质的有机质含量一般小于40%。

有机污泥一般为污水污泥,其特点为有机质含量较高,干基质的有机质含量一般大于50%[6]。

1.1.3　污泥的组成和危害

在污水处理过程中,污泥是由大量污染物的沉淀形成的,这导致了污泥的成分非常复杂,主要包括纤维素、糖类、木质素、蛋白质、脂肪等有机物质以及重金属、氮、磷、钾、钙等无机物质[7-8]。污水中还有大量病原微生物转移至污泥中,主要包括致病性大肠杆菌、沙门氏菌、耶尔森氏菌、轮状病毒、肝类病毒等[9]。

基于污泥的产生过程以及主要成分,污泥具有产量大、水分含量高、有恶臭性气味、不稳定、易腐败等特性。并且由于污泥中含有大量重金属、持续性有机污染物(POP)和病原微生物等,如果将未经处理的污泥随意堆置,会对土壤和地下水造成严重危害,威胁我们的环境安全和人身健康[10]。做好污泥的处理与处置工作相当于站好污水处理工作的最后一班岗,如果忽视了污泥的处理与处置问题,那么污水处理的意义将大打折扣,甚至可能对环境和健康产生更大的负面影响。所以当务之急是找到适当、高效的方法,真正做到污泥处理与处置的"减量化、无害化、稳定化、资源化"[11]。

1.2　污泥的处理与处置现状

"重水轻泥"的现象普遍存在于我国的污水处理系统中,主要表现为污泥的处理深度不足,处置方式不当[12]。污泥的处理与污泥的处置从目的上来说都是为了减小污泥对环境的危害,并尽可能地使污泥得到资源化利用,但在技术和操作层面上二者属于前后两个阶段,这两个阶段是相互依存、相互影响的。污泥的处理主要是运用各种技术和工艺使污泥的含水率以及不稳定有机物的含量降低,从而有利于污泥的运输以及进一步处置。总的来说,这一阶段主要完成污泥的减量化和稳定化。污泥的处置是为污泥找到最终的出路,根据污泥的特性,主要处置途径有土地利用、用作建筑材料、烧制活性炭以及填埋等。这一阶段主要完成污泥的无害化和资源化。可以说污泥的处理是基础,为污泥的处置做了良好的准备和铺垫;污泥的处置是污泥的处理的延续,没有妥善的后续处置,污泥的处理也就失去了价值和意义。污泥的最终处置途径与污泥处理工艺的选择有着密切的关系,所以必须统筹考虑[13]。

1.2.1　国外污泥处理与处置的现状

在欧洲,填埋、焚烧以及土地利用是污泥的主要处理与处置方式。填埋虽然在形式上最简单,但会占用大量的土地,而且如果防渗措施不当会对土壤和地下水造成严重的污染。自 20 世纪 90 年代,欧洲开始大规模采用焚烧法对污泥进行处理与处置,然而焚烧法也有其明显的缺点,最重要的一点就是这种处置方式需要高昂的初期建设费用以及后期运行费用,这主要是由于污泥具有极高的含水率,需要大量的热能来维持污泥的燃烧。进入 21 世纪以来污泥土地利用所占的比例在欧洲逐渐上升,其中英国、德国、法国每年产生的污泥进行土地利用的比例分别为 58%、48%、65%[14]。

美国的污泥处置一直以土地利用为主,污泥中含有大量腐殖质、有机质,它们是使土壤具有良好团聚结构的重要物质,污泥中丰富的氮、磷、钾等元素也是植物健康生长的重要保障[15]。美国约 60% 的污泥经过厌氧消化或好氧堆肥制成生物固体或用于土地利用,同时污泥填埋的比例也在逐年降低,有很多地区甚至已经明确禁止污泥填埋[16]。

在日本,由于受土地面积的制约,依靠填埋、土地利用等手段处置的污泥只占极少数,热干化以及焚烧一直是污泥处理与处置的重要途径,污泥经过干化、焚烧后,多用作建筑材料[17-18]。

1.2.2　国内污泥处理与处置的现状

近年来,污泥的产量不断增加,由于处理处置不当而产生的环境问题日益显著,这引起了国家相关部门的高度重视。多个关于污泥处理处置的标准被相继颁布,其中包括《城镇污水处理厂污泥处理　稳定标准》(CJ/T 510—2017)、《城镇污水处理厂污泥处置　混合填埋用泥质》(GB/T 23485—2009)、《城镇污水处理厂污泥处置单独焚烧用泥质》(GB/T 24602—2009)、《城镇污水处理厂污泥处置　农用泥质》(CJ/T 309—2009)、《城镇污水处理厂污泥处置　制砖用泥质》(GB/T 25031—2010)等,明确规定并限定了城镇污泥的检测、填埋、焚烧、农用等相关技术。

目前在我国应用最为广泛的污泥最终处置途径依然是填埋。规范的填埋流程应该包含污泥的减量化、稳定化、无害化处理,要求污泥的含水率低于 60%。然而很多污水处理厂为了降低成本,只是进行简单的机械脱水,就将含水率超过 80% 的污泥填埋起来,造成了严重的土地浪费以及环境污染[19]。

污泥的建材利用和焚烧都是利用高温使污泥最大限度地减量化、无害化。污泥中的灰分可以作为黏土质资源,而且污泥中含有的铝、铁等元素是建筑材料中的重要添加剂[20]。污泥中含有的可燃性物质可以在焚烧过程中提供部分热能,但仍然需要大量的外界能量来维持焚烧过程,如果污泥的含水率过高,水分蒸发会消耗大量热量,严重降低焚烧的效率,造成能源浪费。相关标准中明确规定,建材利用的污泥含水率需要低于40%,直接焚烧的污泥含水率需要低于50%。

目前我国污泥农用的途径主要有三种:一是将污泥制成固体肥料,二是直接对土壤进行拌混、改良,三是将污泥与其他材料(如粉煤灰、秸秆、木屑、沙土等)混合制备人工土壤[21-22]。污泥农用对污泥的理化性质有一定的要求,尤其是重金属含量要低于限值,含水率低于60%。

目前应用广泛的污泥处置途径,无论是填埋、农用、焚烧还是建材利用,都对污泥的含水率提出了明确要求,在较严格的标准中这个值甚至低至40%。如何将含水率高达99%的污泥科学、高效、节能、环保地脱水干化,并使其含水率降到要求的范围内,是做好污泥处理与处置工作的第一步,也是最关键的一步。

1.3　污泥脱水

1.3.1　污泥脱水的重要性

如前文所述,要做好污泥的处理与处置工作,关键是高质量地完成污泥的脱水干化。这是因为过高的污泥含水率会给后续的处理与处置带来诸多不便,主要体现在以下方面。①过高的含水率使污泥呈流质状态,只能通过管道运输,而修建长距离的污泥管道需要投入高额的资金。较为经济的车辆运输方式要求污泥的含水率不能超过85%,而且含水率越低就意味着运输成本越低。②污泥中的大量水分给细菌以及病毒提供了良好的生长繁殖环境,极大地增加了污泥的不稳定程度,使其更容易在存放、运输、处置的过程中变质。③很多处理与处置方式(如热干化、焚烧、建材利用等)都是利用高温使污泥减量化、稳定化,污泥中过多的水分会吸收大量热能作为相变能,这个过程会浪费大量的能源。如果能先用一种更节能的脱水干化手段使污泥的含水率尽可能地降低,然后利用热能除去剩余的水分,便能节约大量的能源[23-24]。

污泥来源于污水,所以其原始状态与污水几乎相同,含水率接近100%。二沉池的剩余污泥经过沉淀后含水率依然高达99%,此时污泥质量是绝干污泥质量的100倍左右,如图1-1所示。这时如果含水率能降低一个百分点,体积会减小到原来的一半。如果污泥的含水率从85%降低到60%,体积几乎能减小到原来的三分之一。

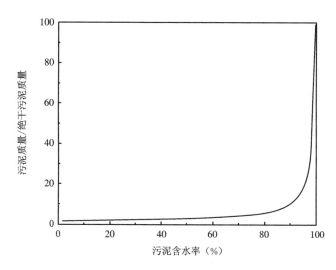

图 1 - 1　污泥质量与绝干污泥质量的比值随含水率的变化

1.3.2　污泥中水分的存在形式

　　污泥的脱水干化之所以能引起广泛的关注,一方面如前文所述,是因为其在污泥处理与处置过程中扮演着重要的角色,另一方面是因为在降低污泥含水率的过程中面临着许多困难。污泥中的水分以不同的形式存在,所以将污泥中的所有水分分离出来并非易事。污泥中水分的不同分布形式是影响污泥脱水效率的主要因素[25]。

　　通常按照污泥中水分与污泥絮体的不同结合形式,对污泥中的水分进行分类[26]。目前最为广泛的分类形式是将污泥中的水分划分为自由水、毛细水(或间隙水)、表面水以及胞内水(或化合水)[27-28],图 1 - 2 为污泥中不同水分结合形式的示意图。不同类型水分的化学、物理性质存在差异,主要体现在蒸气压、焓、熵、黏度和密度等方面[29]。

　　自由水:不与污泥颗粒存在任何结合关系,可以在污泥内部自由移动,比较容易分离。污泥中以这种形式存在的水分占比最大。

　　毛细水:存在于污泥絮体之间的间隙孔道内,被毛细作用以及液体、固体之间的表面附着力束缚。当絮体结构被破坏时,被束缚的毛细水会转化成自由水。毛细水需要一定的机械力和能量才能从污泥中分离出来。

　　表面水:紧密附着在污泥颗粒的表面。污泥颗粒极小,例如活性污泥的平均粒径为 130 μm 左右,所以其有较大的比表面积。有多层水分子在污泥颗粒的表面张力以及氢键的作用下吸附在污泥颗粒表面。这种水分由于所受的作用力较大,很难靠机械力从污泥中分离出来。

　　胞内水:存在于活性污泥中微生物的细胞内部。这种水分在生物细胞内部被更

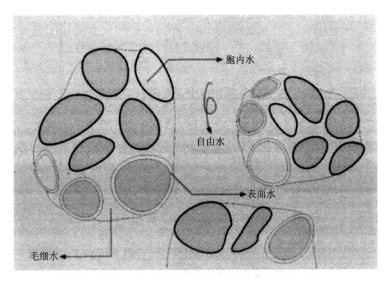

图 1 - 2　污泥中不同水分结合形式示意

复杂的作用力束缚,结合更紧密。要去除这部分水分只能通过破坏细胞活性结构的方式,或者采用热处理的方式。

　　总体来说,这四种以不同形式存在的水分与污泥结合的强度排序为:胞内水 > 表面水 > 毛细水 > 自由水。有学者针对这四种水分在污泥中的结合能做了深入研究,结果如表 1 - 1 所示[30]。

表 1 - 1　污泥中不同形式水分的结合能

水分的形式	自由水	毛细水	表面水	胞内水
水分结合方式	自由	毛细作用	吸附、氢键	分子键
结合能(J/mol)	0	小于100	3 000	5 000

　　除了水分的结合形式,影响污泥脱水性能的因素还有污泥颗粒的粒径分布、污泥颗粒的表面电荷、胞外聚合物等[31-33]。通过对污泥进行预处理可以在一定程度上改变这些性质,在此不做详细介绍。

1.3.3　污泥机械脱水技术

　　机械脱水是最简单、直接的降低污泥含水率的方法,也是当今全世界范围内应用最广泛的污泥脱水技术。现在我国绝大多数的污水、污泥处理厂都会应用污泥机械脱水技术,使污泥的含水率得到初步的降低,以便后续的运输、存放以及处理与处置。污泥机械脱水技术的原理普遍相同,主要有机械力和过滤介质两个关键要素,即在机械力的作用下过滤介质两端形成压力差,由压力差驱动污泥颗粒和脱除的水分分布在过滤介质的两端,从而降低污泥的含水率[34]。目前主流的机械脱水技术主要包括板框压滤、带式压滤、真空抽滤、螺旋压榨、离心脱水等[35]。

1)板框压滤

板框压滤机的核心组成构件是滤板以及滤框。滤板和滤框交替排列,与机架、压紧装置、滤布一起组成了完整的板框压滤机。其中滤板的主体是表面凹凸不平的不锈钢板,凸起的部分用来撑起滤布,凹陷的部分是液体的过流通道。脱水前,污泥被导流至由滤板、滤框、滤板构成的封闭空间内;脱水时,这个结构被挤压,污泥中的水分从两侧的滤布与滤板之间的空隙过滤、汇流、排出,污泥颗粒被滤布截留;脱水过程结束后松开装置,得到脱水后的泥饼[36]。

传统的板框压滤工艺可将污泥的含水率降到 75% ~ 80%,现有的超高压板框压滤机可将污泥含水率降到 60% 以下,但需要加入大量调理剂并且需要更长的脱水时间。板框压滤的优点是造价低,能耗小,运行较稳定;缺点是无法连续运行,单个装置单位时间处理量较小,而且容易堵塞,消耗一定量的滤布[37]。

2)带式压滤

带式压滤机的结构和原理较简单,主体由上、下两片履带构成。在履带连续转动的同时,经过预处理的污泥会被送入两片履带之间的空间,随履带转动向前移动。与此同时,上、下两片履带会给中间的泥饼一定的压力,使水分通过过滤介质,从污泥中分离出来。

带式压滤机是通过履带给污泥施加压力的,所以只能将污泥含水率降到 80% 左右。带式压滤技术的优点是可以连续运行,效率较高,运行费用低;缺点是对进料污泥的性质要求严格,需要添加调理剂,且容易出现堵塞现象[38]。

3)真空抽滤

污泥真空抽滤装置的主体是一个圆柱形的转筒,转筒的一周分布着过滤区、吸干区以及滤饼脱除区。设备运行时,转筒内部保持真空负压,装置底部有污泥料浆槽,由于负压的作用污泥会被吸附在转筒外壁上形成泥饼,随着转筒的转动,转到吸干区的污泥中的水分通过滤布进入转筒内部,从而实现泥水分离,随后泥饼在滤饼脱除区完成与转筒的分离。

污泥真空抽滤装置以气压差作为驱动力,脱水能力较低,仅能将含水率降到 85% 左右。其优点是能连续运行,自动化程度高;缺点是工序复杂,运行费用高,且噪声大,目前这种工艺的应用率较低。

4)螺旋压榨

污泥螺旋压榨脱水设备中有一根变径变螺距的螺旋主轴,经调理的污泥进入设备后,其所处的滤室空间随主轴形状的变化而被逐渐压缩,从而使污泥中的水分通过孔状筛板被分离出去,实现泥水分离[39]。

螺旋压榨是一种较新颖的脱水技术,可将污泥的含水率降至80%以下,其主要优点是运行较稳定,噪声小,对臭气的控制效果好;其缺点是投资成本较高,且对泥质的要求较严格,目前主要针对造纸污泥的脱水,应用于污水污泥时会出现堵塞以及脱水效果不理想的情况[40]。

5)离心脱水

污泥离心脱水设备主要由进泥装置以及离心转筒两部分组成。污泥一般由空心转轴送入高速旋转的转筒,由于污泥颗粒和水分存在一定的密度差,在离心力的作用下,水分通过过滤介质流出转筒,实现泥水分离。

离心力的大小可根据转筒转速的不同进行调节,理论上如果转速足够大,可将污泥含水率降到较低的水平,但考虑到污泥的特性以及机械强度,离心脱水机一般以低速锥筒式为主,可将污泥含水率降到75%左右。离心脱水的优点是自动化程度较高,处理量大,设备结构较紧凑等;缺点是运行噪声大,设备故障率高,运行费用高[41]。

第2章 电脱水概述

前文已述,降低污泥的含水率在污泥的处理与处置过程中有着重要的意义,然而传统的脱水干化方法存在着种种弊端,主要体现为机械脱水难以将含水率降到理想水平,自然干化和热干化需要较长的时间或者消耗较多的能量,脱水量、耗能、耗时构成了一组矛盾。目前来看,污泥电渗透脱水技术凭借其自身的特点和优势引起了广泛的关注,有较大的应用潜力。

2.1 电脱水的基本原理和发展历史

2.1.1 电脱水的基本原理

污泥颗粒主要由好氧菌的细胞构成,其表面覆盖了一层胞外聚合物(EPS),由于胞外聚合物中有硫酸根、羟基等官能团,所以绝大多数污泥颗粒的外表面表现出电负性[42]。在异电相吸的作用下,胞外聚合物的外围会聚集一层带有正电荷的阳离子,从而使整个结构维持电中性状态,这种结构就是双电层系统[43]。正是在污泥内部形成的这种稳定的电中性、固液平衡结构,使得水分难以从污泥中分离出来。如果施加一定强度的电场,可以破坏这种双电层结构。如图2-1所示,电场作用会驱使带负电的污泥颗粒向阳极移动,水分会被顺势挤到阴极处。与此同时,原本在污泥颗粒外围的阳离子会携带部分水分子向阴极移动,加速完成泥水分离的过程[44-45]。这是对污泥电脱水原理的基本解释,这个过程也被称为电渗透作用。电渗透作用是污泥电脱水过程中最关键的一环,从污泥中脱除的绝大部分水分与此相关。除此之外,污泥电脱水过程中还有电泳、电化学反应、电迁移、电渗析等动电现象与之相互补充,共同构成了污泥电脱水理论。

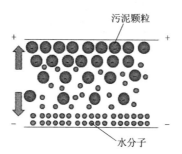

图2-1 污泥电脱水过程示意

1）电泳

静止的液体如果被施以直流电场,分散程度较高的悬浮颗粒会向着与其电性相反的电极做定向移动,这种现象被称为电泳[46]。在污泥电脱水过程中,电泳现象主要出现在脱水的初期阶段,此时污泥的含水率较高,带电颗粒可以在悬浮液中自由移动。由于污泥颗粒大多带负电,它们主要向阳极移动并富集于此。在电脱水过程开始一段时间之后,泥饼趋于固态,电泳现象不占主导地位,以至于很多电脱水模型忽略了电泳现象的存在[47]。

2）电化学反应

污泥电脱水过程相当于在溶液两端分别插入阳极和阴极,所以可以将电脱水设备看作一个电解池。在电场的作用下,极板附近会发生氧化还原反应,主要以水的电解反应为主,伴随着一定程度的金属氧化还原反应。电极反应方程式如下:

$$阳极:2H_2O - 4e^- \longrightarrow O_2 \uparrow + 4H^+ \tag{2-1}$$

$$M - ne^- \longrightarrow M^{n+} \tag{2-2}$$

$$阴极:2H_2O + 2e^- \longrightarrow H_2 \uparrow + 2OH^- \tag{2-3}$$

$$M^{n+} + ne^- \longrightarrow M \tag{2-4}$$

具体发生何种反应以及每种反应的发生量主要取决于金属板的材质以及污泥电解液中的离子组成成分。

水的电解反应一方面在阳极和阴极处分别产生氢离子和氢氧根离子,影响了污泥的 pH 值分布,从而使 zeta 电位(又叫电动电位,是表征胶体分散系稳定性的重要指标)产生变化,对电脱水产生消极作用[48-49];另一方面在阳极附近产生气体,使泥饼和极板之间出现空隙,在一定程度上增大了极板之间的电阻,不利于电脱水的进行[50]。从氧化还原反应式可以看出,在电场的作用下阳极板的金属材料有可能失去电子,被氧化为金属离子,这种现象被称为阳极腐蚀。阳极腐蚀是污泥电脱水工艺中最棘手的问题之一。

3）电迁移

在直流电场的作用下,污泥中的阳离子(如氢离子、铵根离子、金属离子等)会向阴极方向迁移,阴离子(如氢氧根离子、氯离子、硫酸根离子等)会向阳极方向迁移,迁移速率主要受电场的电压梯度,离子的极化浓度、电荷数、扩散系数,泥饼的孔隙度以及温度等参数的影响[51-52]。早期有学者应用电迁移的原理进行土壤修复,近年来也有学者研究在弱酸的辅助下实现污泥的重金属分离[53]。

2.1.2　电脱水技术研究进展

1. 操作条件对电渗透脱水的影响

污泥电脱水技术自被发掘以来,得到了广泛的关注,很多学者对其进行了相关研究。基于电脱水的实用价值,研究人员的关注点主要集中在这项技术的脱水效果以及经济性上。在电脱水过程中,影响这两个指标的因素主要包括机械压力、电压梯度、泥饼厚度、脱水时间、阳极材料以及污泥自身的性质等。为了优化这些操作条件,学者们做了大量的研究。

在机械压力方面,Lee 等经过实验认为,在污泥电脱水过程中,提高机械压力可以提升脱水效果[44]。Glendinning 等认为,机械压力在污泥电脱水过程中起到的作用主要是保证泥饼与极板时刻紧密接触,不因泥饼的体积缩小而产生缝隙,并且认为采用 75 kPa 的压力比较合理[54]。Mahmoud 等认为,由于电脱水与单纯的压滤脱水相比,会使泥饼的水分分布更加不均匀,所以先单纯施加机械压力一段时间再施加电场会得到更好的脱水效果,并对此进行了研究。结果表明,由于单纯的压滤脱水与电脱水相比脱水效率太低,所以上述因素的影响非常细微,虽然也有一定的降低能耗的效果(在恒压条件下,减耗 10% 左右),但是代价是极大地增加了脱水时间[55]。

在电压梯度方面,Saveyn、马德刚等经过实验认为,在一定范围内,增大电压梯度能获得更好的脱水效果[56-57]。Yang 等的研究表明,在污泥电脱水的过程中,施加 30 V 的电压和施加 20 V 的电压相比,脱水效果并无明显差异,而能耗有较大幅度的增加,他们认为这主要与阳极过分干化有关[58]。Mahmoud 等应用双因素响应面分析法,对机械压力和电压梯度对脱水效果的影响做了深入研究。结果表明,机械压力以及电压梯度都与污泥脱水后的含固量正相关,其中电压梯度对结果的影响占据绝对的主导地位,并且脱除单位质量的水分所需的能量存在最佳工况(电压梯度为 40 V,机械压力为 728 kPa),此时的能耗仅为热干化的 30%[59]。

在阳极、阴极材料方面,Lee 等的实验结果显示,在污泥电脱水过程中,如果使用铁、铝、铜等普通金属作为阳极材料,虽然可以得到不错的导电性能,但极易发生氧化腐蚀,造成阳极的消耗以及污泥的金属污染[60]。Saveyn、赵娴等经过实验发现,使用钛基贵金属涂层板作为阳极可以有效地减缓腐蚀现象的发生,并且可以在一定程度上增加阳极板的稳定性[56,61]。Conrardy 等人的研究表明,用滤布作为阴极的过滤介质会对电流以及脱水效果造成一定影响,在污泥含水率高于 50% 时这种影响并不明显,但在污泥含水率低于 50% 之后,滤布会造成电阻急剧上升[62]。于晓艳(Yu)等的实验结果表明,使用不锈钢过滤网代替滤布作为过滤介质可以有效地减小水分的过滤阻力以及电阻,从而提升污泥电脱水的效果[63]。

Citeau 等对污泥的含盐量以及 pH 值对电脱水效果的影响进行了研究。实验结果表明,较低的含盐量以及弱酸性条件有利于电脱水的进行,在最佳条件下可将污泥的含水率降至 40% 左右[64]。Navab-Daneshmand 等将电脱水过程的焦耳热和 pH 值作为条件变量,探究这两个因素对电脱水过程的影响。实验结果表明,酸碱度的上升会降低电脱水过程的电能效率,温度上升在短时间内会增大污泥的脱水速率,但在脱水时间足够长的情况下会降低脱水能力上限值[65]。

此外,还有一些学者尝试用其他手段来改进污泥电脱水技术。Citeau 等尝试用阴极的渗滤液对阳极处的污泥进行淋洗。实验结果表明,这种方法大幅增大了电渗透速率并可以有效地控制阳极温度,此外,阴极渗滤液呈碱性,可以在一定程度上中和阳极处污泥的酸性,从整体上减少了二次污染[66]。马德刚(Ma)等采用超声波技术与污泥电脱水相耦合的方式来优化脱水效果。实验结果表明,超声波与电渗透耦合的方式比起单纯电渗透的方式,可将脱水率从 17.4% 提高至 40.78% ,大大提升了污泥电脱水的效果[67]。

2. 污泥自身的性质对电渗透脱水的影响

电渗透脱水技术受污泥性质差异性的影响显著,但由于污泥系统的复杂性,很难明确影响电渗透脱水技术的污泥评价指标。为了评价适于电渗透脱水技术的污泥性质,Yoshida 等测试了污泥床层的电学和物理性质,结果发现低比阻和高压缩性的污泥电渗透脱水性能较好[68]。

Visigalli 等研究了常规活性污泥和膜生物反应器污泥对电渗透脱水的影响,结果发现生化处理过程对电渗透脱水没有明显的影响。他们认为机械脱水后污泥的含固率、挥发性固体含量和电导率是影响污泥电渗透脱水的主要因素,由于含固率和挥发性固体含量低,所以消化污泥易电渗透脱水。当外加 20 V 的电压时,在相同条件下好氧污泥电渗透脱水后含水率为 62.5% ,而厌氧污泥含水率可降到 57.1%[69]。

污泥电渗透脱水之所以得以进行,是由于大部分污泥颗粒带有负电荷,污泥颗粒表面会吸附周围介质中带有相反电荷的阳离子构成双电层。所以,可以通过添加盐或聚合电解质来改变污泥颗粒表面的电荷和间隙液中的离子浓度,从而对污泥电渗透脱水产生影响。董立文等通过添加 Na_2SO_4 溶液考察了电导率对污泥电渗透脱水的影响。结果显示:随着污泥电导率的增大,电渗透脱水的效果有所提高,但能耗也相应地增加;当污泥电导率降低到一定程度时,脱水效果有所下降,所需的能耗也降低[70]。卢宁等研究了 $NaNO_3$ 对污泥电渗透脱水的影响。结果表明,$NaNO_3$ 的加入增大了污泥含固率,且效果显著[71]。Tuan 等考察了高分子聚合物的添加对污泥电渗透脱水的影响。结果显示:当聚合物添加量适宜时,阳极附近污泥的含水率与阴极附近的相近;高剂量的聚合物对污泥电渗透脱水是不利的,当聚合物投加量逐渐增加到 15.9 kg/t 干泥时,随着投加量的增加,电渗透脱水后污泥的最终含水率逐渐减小,但当聚合物投加量增加到 20.2 kg/t 干泥时,电渗透脱水后污泥的最终含水率反而升高[72]。Citeau 等考察了高分子聚合物的种类、电荷密度及相对分子质量对污泥电渗透脱水的影响。结果显示,污泥电渗透脱水速率与能耗均不受高分子聚合物的种类、电荷密度以及相对分子质量的影响,且电渗透脱水后污泥的含水率均趋于平衡值,即 50% 左右[64]。Saveyn 等发现聚合电解质的电荷密度、相对分子质量及投加量仅对污泥机械脱水影响较大,而对电渗透脱水速率和能耗却没有影响。针对这一实验现象,Saveyn 等假设絮凝污泥的水分有絮体间水和絮体内水两种形态,其结构如图 2-2 所示。过滤时由于絮体内小孔道的大阻力,滤液主要通过污泥絮体间的大孔道流动,因而滤液主要沿着污泥颗粒外表面的正电荷流动,这时流动电势是正值;过滤结束后泥饼形成,絮体间大孔道被压缩,阻力逐渐增大,这时絮体内水分的流动逐渐起主要作用,因而絮体内的孔道对流动电势的作用逐渐增大,且絮体内孔道的污泥颗粒与聚合电解质分子接触的机会较少,因此即便污泥絮凝时加入过量的正电荷,污泥仍然具有负电荷的性质[73]。

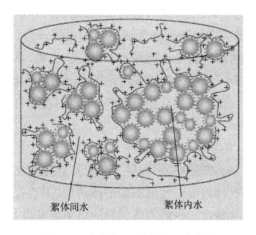

絮体间水　　　　　絮体内水

图 2-2　絮凝污泥的水分形态结构

于晓艳等发现阳离子聚丙烯酰胺(CPAM)有利于污泥的机械脱水,但是却造成后续的电渗透脱水效率下降,污泥的表面电荷是 CPAM 影响污泥电渗透脱水效率的一个重要因素[74]。Smollen 等通过向污泥中添加聚合电解质,使其在污泥液相中产生过量的相反电荷来平衡污泥表面的电荷,从而提高污泥的电渗透脱水效率[75]。这些研究报道了污泥调质对其电渗透脱水的影响,但是由于污泥自身的复杂性,聚合电解质和污泥电渗透脱水之间存在的相互作用还不完全清楚。

实际上污泥表面的电荷主要来源于附着于细胞表面的 EPS 所携带的带电官能团。EPS 的主要成分是蛋白质、多聚糖和核酸等,其中蛋白质是疏水性基团的主要提供者,多聚糖是亲水性基团的主要提供者,蛋白质与多聚糖的比例直接影响污泥的表面电荷性质,进而影响污泥的电渗透脱水行为。鉴于 EPS 对污泥表面电荷、疏水性等理化性质的影响,于晓艳等探索了 EPS 的化学成分对污泥电渗透脱水行为的影响,结果发现 EPS 中蛋白质与多聚糖的比例与电渗透脱水后污泥的最终含水率正相关。当蛋白质与多聚糖的比例较小时,污泥含水率较低,污泥脱水较容易;当蛋白质与多聚糖的比例较大时,污泥含水率较高,污泥脱水较困难。当蛋白质与多聚糖的比例为 3.6 时,污泥含水率从 75% 降到 58%[76]。

3.电渗透脱水过程中污泥电阻的影响

在电渗透脱水后期,欧姆热效应和能耗急剧升高是制约电渗透脱水技术应用的两个重要问题。污泥电阻是衡量污泥导电性能的重要参数,对污泥电渗透脱水的影响较突出。随着脱水过程的进行,水分在电场的作用下不断从阳极向阴极运动,靠近阳极侧的水分快速下降,形成不饱和脱水层,污泥发生破裂、结壳,造成该部分污泥电阻迅速增大,在电流不变的条件下,电压梯度上升,而阴极未脱水污泥层的电场驱动力减小,造成污泥整体电渗透脱水性能衰减,使脱水过程中电能的利用率逐渐下降。另外,在物料上施加直流电场,电流通过物料层,在电极与物料接触处发生电化学反应,反应产生的气体会增大阳极附近污泥脱水层的电阻;而且与电极接触处物料的pH 值将发生变化,这也将影响到电渗透脱水的进行。再者,从原理上电渗透脱水不能脱除污泥中的所有水分[77-78],因为随着污泥干重比例逐渐增大,电阻增大,在恒定电压条件下流过污泥床层的电流逐渐变得微弱,因而污泥的电渗透脱水也变得微乎其微。

在实际脱水过程中,污泥电阻受到各种因素的影响。①污泥层的孔隙率及污泥的形貌结构。由于水分的不断迁移,污泥层存在着大量的孔隙,且孔隙随着时间不断变化;孔隙中充满气体,气体的导电性远不如固体污泥,因而孔隙率直接影响到污泥的比电阻。②污泥的电气特性。一般固体材料的电阻服从欧姆定律,但是由于污泥层存在着孔隙,其与气体接触的表面积大为增加,电流与电压的关系不再为恒定值。③污泥含水率。污泥固体表面由于双电层会形成导电膜,当含水率降低时,导电膜逐渐变薄,电流传导能力降低,电阻增大。④污泥成分。

为了从本质上认识污泥电阻在电渗透脱水过程中的行为,Conrardy 等研究发现在电渗透脱水过程中污泥的电阻主要取决于污泥含水率,当含水率减小到 45% 时,污泥电阻急剧增大,当含水率小于 20% 时,污泥电阻保持一定值且不随污泥含水率变化;同时滤布的电阻在总电阻中占 20% 且在整个脱水过程中除后期外,占比基本保持不变[62]。Yu 等采用线性扫描法揭示了电渗透脱水过程中由于阳极附近污泥层的大电阻造成脱水极限的存在[79]。

4.对污泥电渗透脱水经济性的评价

利用电渗透对污泥深度脱水是一项非常有潜力的技术,但是在实际工业化应用中必须考虑能耗这一非常重要的参考指标。在恒电压状态下,电渗透脱水的总能耗与电压和污泥滤饼的最终含固率有较强的相关性。通过实验发现瞬时能耗主要取决于污泥达到的含固率,而与其他操作参数(电压、电流密度、压力、污泥初始量)关系不大[80],因此通过计算电渗透脱水的瞬时能耗即可确定在电渗透脱水技术经济优势下污泥目标含固率的最佳范围。

电渗透脱水过程中的电能输入计算如下：

$$P = \sum_{j=1}^{n} U_j I_j \Delta t \tag{2-5}$$

式中：U_j 是外加电压，V；I_j 是电路中的电流，A；Δt 是两次记录的时间间隔，s；n 是记录次数。

通常电渗透脱水的能耗以单位脱除水量或单位干泥的能耗来表示，但这些表示方法都没有考虑污泥初始含固率对能耗的影响，因此 Mahmoud 等定义了一个操作评价指标 Ksi_{EDW}，其不仅包括脱水时间 t、电能输入 P 对能耗的影响，而且考察了污泥含固率 m_{DS} 的影响，具体计算如下：

$$Ksi_{EDW} = f(P, t, m_{DS}, \cdots) = \frac{P}{m_{DS}} \cdot \frac{t}{m_{DS}} \tag{2-6}$$

$$Ksi_{EDW} = E_{EDW(kW \cdot h/kg\ DS)} \theta_{(hours/kg\ DS)} \tag{2-7}$$

通过实验发现，在污泥电脱水过程中，在泥饼进入压缩阶段后再施加电压，恒电压条件下可节省 10%～12% 的能耗，恒电流条件下可节省 30%～46% 的能耗[55]。

2.1.3　电脱水设备研究现状

目前关于污泥电脱水的研究大多集中于实验室的基础实验阶段，然而近年来也有一些学者以将污泥电脱水技术设备化、工程化为目标，进行了深入的研究。现阶段的污泥电脱水设备大多基于原有的污泥机械脱水设备，学者们运用一系列技术手段，将直流电场引入其中，从而达到更好的脱水效果。根据电脱水的技术需求，板框式、履带式、平板式污泥电脱水设备是目前比较常见的设备形式。

板框式污泥电脱水设备：在前文介绍的传统板框式污泥机械脱水设备的基础上，将电源的阳极、阴极与污泥两侧的滤板相连接，从而引入直流电场，实现污泥的深度脱水。板框式污泥电脱水设备的优点是脱水效果好，能够生产干污泥颗粒等。其缺点是：只能序批式工作，不能实现脱水过程的连续进行，自动化水平低；需要用滤布作为过滤介质，无法处理含油污泥，且需要大量水来清洗滤布。

履带式污泥电脱水设备：污泥进入设备后被夹在两片履带之间，并随履带一起向出口处运动，与此同时，上、下两片履带会给污泥施加一定的压力和电压，从而实现污泥的深度脱水。履带式污泥电脱水设备的优点是采用移动电极，能够实现连续脱水。其缺点是：由于阴、阳极不固定，难以保证电场的平行性，会出现脱水不均匀甚至短路的情况；设备比较复杂，成本高，维修较困难。

平板式污泥电脱水设备：其工作原理与板框式污泥电脱水设备相似，区别在于电极板是水平布置的。首先将污泥导入阳极和阴极板之间，随后对两极板施加压力，保证极板与泥饼紧密接触并压缩污泥的体积，从而实现污泥的深度脱水。平板式污泥电脱水设备的优点是脱水效果好，设备形式简单，易操作。其缺点是只能序批式工作,不能实现脱水过程的连续进行,自动化水平低,极板的平行性差。

　　除上述三种较常规的设备外,学者们在设备形式的创新上也做出了很多尝试和研究。李相俊提出了一种新型的转鼓式电渗透脱水机,该设备在履带式设备的基础上进行了改良,缩小了电极间距,在一定程度上节省了电能[81]。柯忱研发了一种环形电场污泥电脱水设备,该设备具有形式新颖、结构简单、操作方便、能实现连续脱水等特点,可将污泥含水率由 77.4% 降至 51.0%[82]。张书廷(Zhang)等开发了一种新型的多层垂直电场污泥电脱水设备,中试实验结果表明该设备具有 80 t/d 的处理能力,长时间运行稳定性较好,在最优工况下可在 8 min 内脱除 69% 的水分[83]。

2.2　电脱水过程

　　电脱水过程一般是电场与机械压力协同作用,较机械脱水方式更加快速、高效,属于深度脱水过程,可进一步减小污泥体积,降低污泥焚烧、填埋等后续处理和运输等的成本。

　　如图 2-3 所示,在泥饼的两侧布置导电体(可为网状金属或金属平板),并使之分别与直流电源的负极与正极连接形成阴极与阳极。在阴极与阳极之间将形成电场,电场中充满待脱水并与电极紧密接触的污泥介质。由于活性污泥中的粒子带有负电,会与水中的离子一起在表面形成电气二重层,包括固定离子层和扩散离子层。在电场作用下,粒子表面的电气二重层会发生相对滑动,带负电的粒子或离子(污泥颗粒)向阳极移动,带正电的粒子或离子向阴极移动。污泥的移动有时候会受到约束,而污泥中的毛细管残留水分则在正离子的带动下向阴极移动。阴极附近聚集的水分脱离阴极和污泥后就实现了脱水。

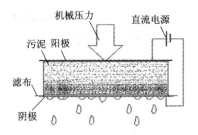

图 2-3　污泥的电脱水过程示意

　　在脱水过程中,在泥饼的两电极间施加一定强度的机械压力,该压力通过机械形式或者真空抽吸、压缩空气等气压差形式产生。泥饼两侧的压力可以保证物料与电极的接触更加紧密,并减小污泥颗粒间的间隙,使得容纳的水分减少,析出的水分透过泥饼阴极侧表面的过滤材料脱离污泥,达到脱水的目的。

电脱水中采用的电极要求具有导电功能,可以为平板状、网状或者连接在一起的条状。如果电极不具有过滤功能,即不能将水分与污泥颗粒分离,则需要在电极(尤其是阴极)与污泥之间设置过滤材料。可以采用具有导电功能的滤布兼作电极,如将金属丝网植入滤布中,也可以将带有孔隙的电极与滤布压制在一起实现导电与过滤的功能。

在电场与机械压力的共同作用下,污泥内部的水分运动并聚集在阴极侧和过滤介质表面,然后借助自身的重力脱离过滤介质而实现分离,或者通过机械振动气流吹拂或者采用吸水材料吸去水分实现脱水。

一般电脱水过程所用的电场由直流电源或脉冲式电源提供,其供给方式是连续方式或间歇方式。脉冲供电方式可以最简单的商业电源为电源,对脉冲波形无特别的要求,占空比可依具体情况调节。当然,也可以采用直流电间隔通断的方式来实现间歇式通电,即在某一时间段通电,某一时间段断电。

污泥的泥饼厚度一般为 5 ~ 50 mm,根据脱水需要的时间、污泥的特性、产品含水率的要求等决定。若泥饼厚度较大,将增加脱水时间,如缩短脱水时间,则产品含水率将增大。电场的电压控制在 20 ~ 100 V,较高的电压可以增大污泥内部水分运动的动力,缩短脱水时间,降低产品含水率,但同时增加了电场电能的消耗。污泥电脱水需要电场与机械压力协同作用完成,施加在泥饼两侧的机械压力差控制在 1 ~ 300 kPa。对一定厚度的泥饼和一定的电场电压而言,机械压力差存在一个最佳值,小于或者大于这个最佳值都会影响污泥脱水的时间和效果。

2.3　电脱水的特点与应用

当前,污泥深度脱水技术主要有板框压滤脱水、自然干化、热干化等。板框压滤脱水需要投加大量药剂,这不仅会增加物料的干重,还会影响污泥后续的资源化利用(热能利用和土地利用等);板框压滤脱水需要 4 ~ 6 h,生产效率低,设备体积较大;在板框压滤脱水前进行热水解处理会提高脱水性能,但工艺系统复杂,延长了处理周期。自然干化速度慢,周期长,占地面积大,还会对周边环境产生二次污染。热干化则需要消耗大量热能,且存在废气处理问题。与这些技术相比,污泥深度电脱水技术具有如下优势。

1)深度脱水速度快,添加剂少

由于脱水作用直接发生在污泥颗粒的内、外表面,同时脱除自由水分、间隙水分和部分表面结合水分,可以实现深度脱水,在短时间内即可将污泥含水率由 80% 降低至 60%。此外,电脱水可以实现无药剂投加,仍然可以保持较高的脱水率。因此,电脱水过程可以用于同时对脱水率、脱水时间以及待脱水污泥的成分与物性有较高要求的场合。

2）与热干化相比具有节能优势

将含水率由 80% 降低至 60% ,将使污泥体积大幅度减小,有效降低了运输和贮存成本;每吨湿泥的电场能耗是 40 ~ 140 kW·h(与脱水时间密切相关),与直接热干化相比具有显著的节能效果;如果作为热干化前的预处理操作,因避免了水分的相变过程,节能效果更加显著,且电脱水后的污泥在防黏附、提高干化速度等方面具有改进效果。因此,电脱水过程可以作为污泥热干化、直接焚烧、混合焚烧等的预处理过程。

3）具有污泥稳定化作用

充分利用电流的焦耳热使污泥温度升高至 60 ℃ 以上,可有效杀灭细菌、病毒等;电化学反应将在电极附近产生强酸、强碱和强氧化环境,对污泥中的重金属具有活化和淋洗作用,对重金属含量较低的生活污水、污泥,去除率可达 10% ~ 50% ,对污泥中的持续有机污染物也具有降解效果。因此,电脱水过程在对污泥进行深度脱水的同时,可以在一定程度上对污泥进行稳定化和无害化处理,不仅适用于一般污泥的处理,也适用于危险废物等的处理。

2.4　电脱水的主要研究方向

1）电脱水的原理与模型研究

电脱水技术的工业化应用需要一套科学、健全的设计方法,这首先需要人们对污泥电脱水的原理有清晰的认识并建立模型。目前,对电脱水的原理和模型的研究主要围绕着动电现象和双电层理论展开。带电颗粒在电场中运动,或者带电颗粒运动产生电场,统称为动电现象。动电现象主要包括电渗透、电泳、电迁移、电渗析、电化学反应,其中电渗透在电脱水过程中起主要作用。双电层理论自 19 世纪直至现在依然在被不断完善和探究,该理论是解释污泥电渗透脱水现象的最主流理论。

对污泥电脱水模型的研究也一直广受关注。基于各种理论和假设,人们提出了很多模型,在一定程度上使得对电脱水过程的描述越来越清晰,对指导工程实践发挥了重要作用,但仍然存在很大的局限性,其困难主要在于污泥电脱水过程的复杂性,包含多孔介质传热传质、非线性、多相流、电化学等多种复杂的问题。

2）电脱水条件的优化

影响污泥电脱水的因素有很多,主要包括污泥调质、电压、供电方式、电场间距与形式、机械压力、进泥方式等。目前的研究多依靠实验对这些因素进行优化,获得了一批经验数据,但较分散,尚未形成标准化、系统化的设计依据。污泥的特性和脱水目标不同,其操作条件的优化结果也有所区别。在实际应用前,需要对污泥进行特性测试和实验室范围的实验,获得基础经验数据后,才可以进行实际应用。

3) 电流衰减与供电方式

在污泥电脱水过程中,电场电流主要受污泥电阻的影响,在污泥成分一定的条件下,污泥含水率是影响污泥电阻的主要因素。随着脱水过程的进行,阳极附近的污泥含水率急剧下降,引起电场电流快速衰减,进而影响脱水进程的继续。在实践中,可以通过电压优化、间断供电和正负电极交换等方式减缓脱水电流的衰减。

4) 阳极腐蚀

污泥电脱水过程伴有电化学反应发生,在阳极发生反应后会产生酸性氛围,其对阳极金属材料具有很强的腐蚀性,严重影响脱水设备的安全与稳定运行,并且阳极的腐蚀引起阳极材料中的重金属溶出,使得待处理污泥的重金属含量增加。目前,解决阳极腐蚀问题多从材料的角度出发,开发新型耐腐蚀材料,如镀铱钛板、掺硼金刚石以及导电塑料等复合极板。

5) 阴极结垢

污泥电脱水过程中的电化学反应会在阴极侧产生碱性氛围,使得脱水液中的 Ca^{2+}、Mg^{2+} 等在滤布和电极上结垢,严重影响脱水进程。目前,多采用污泥调质、清水或弱酸水冲洗、阴阳极互换等方式解决,在一定程度上增加了设备操作的复杂性,延长了操作周期。

6) 污泥调质

一般而言,和机械脱水方法不同,电脱水方法可以不对污泥进行絮凝处理,从而节省大量的药剂投入,但可以通过调质提高污泥的电脱水性能。主要措施包括添加无机盐等改变污泥的电导率,调节 pH 值增加污泥所带负电荷的数量,添加大颗粒无机物减小污泥的渗透阻力,等等。

7) 设备形式

目前,市场上应用的污泥电脱水设备主要有履带式、板框式两种,处在研究阶段尚未应用的设备形式有固定电极压送式电脱水设备(在后面的章节中介绍)。电脱水设备在开发、设计和应用中要特别关注电场电极的平行性,机械压力施加的有效性,物料进出的方便性以及设备运行的安全性、稳定性和节能性等。此外,在阳极腐蚀和阴极积垢方面也需要有专门的措施加以改善。

第3章 电脱水模型

3.1 双导电模型

电渗透脱水技术发展至今,许多研究者对其进行了深入、广泛的研究,但关于电渗透脱水模型的报道却很少。Yukawa 等基于可压缩物料的电渗透流率首次建立了恒电流和恒电压操作的电渗透脱水模型,但这些模型需要的理论参数较多[84-85]。Weber 等基于水分和固体颗粒的物料平衡建立了一个简单的电渗透脱水数学模型,把污泥中的管路抽象为毛细管来模拟电渗透过程中脱水量的变化,该模型需要的理论参数少且不需设定物料的电导率参数[86]。Yoshida 基于电渗透流率把脱水泥饼分为已脱水层和未脱水层,建立了电渗透脱水模型。该模型从理论上分析了脱水机理,并对脱水速率和能耗进行了计算,该计算方法对电渗透脱水装置的设计较实用[87]。Iwata 等假设污泥经 24 h 压力过滤之后孔径均匀分布,建立了电脱水模型。该模型需要一个临界孔隙率,而对可压缩性污泥,该值很难界定[88]。Curvers 等把污泥过滤及泥饼形成阶段的流率与连续方程融入 Iwata 模型,模拟了电渗透脱水过程中污泥高度随时间的变化,并且考虑了电渗透脱水的热效应[89]。Saveyn 等针对阴、阳极两侧脱水物料的电滤提出了一个现象学模型。该模型把极板两侧颗粒的 zeta 电位作为唯一的可调控参数,同时考虑了压差、电渗透、电泳的影响,但该模型仅适用于不可压缩的微孔颗粒[90]。这些模型对于从理论上探索电渗透脱水的基本原理是非常有价值的,但是不能直接转化到污泥脱水领域应用。这是因为活性污泥是一个非常复杂的系统,一些基本参数的缺乏阻碍了这些模型在污泥脱水中的应用。

由于受污泥电渗透脱水极值的限制,本章基于不同污泥层间的导电模式提出了电渗透脱水双导电模型。该模型对深刻认识污泥的电渗透脱水及导电机理具有重要的意义,而且可以用来预测和优化电渗透脱水的操作条件,如电压梯度、脱水时间等。

3.1.1 模型的提出

为了建立电渗透脱水双导电模型,把污泥电渗透脱水过程看作电路回路,并且根据污泥层之间不同的导电模式以及物料平衡构建一套完整的设计框架。污泥电渗透脱水过程物理模型的结构如图 3-1 所示,具体简化条件如下。

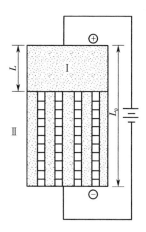

图 3 - 1　电渗透脱水物理模型示意

（1）污泥在机械作用下脱水后（体积水分≤床层孔隙率），其可压缩性可以忽略，重力和挤压对脱水不再起作用。

（2）假定污泥颗粒不随滤液流出而全部留在床层内。

（3）忽略电极反应和温度对污泥间隙水电导率和黏度的影响。

（4）在电场作用下污泥固体颗粒在液体中的定向移动（即电泳）被认为是不存在的，因此只考虑电渗透现象。

（5）在一定的电场强度或电流密度下，特定污泥床层的电渗透脱水有一个相应的状态，即总水分由该电场强度或电流密度下的平衡（固定）水分和自由（可动）水分两部分组成，而电渗透脱水过程只对自由水分起作用。

（6）在电渗透脱水过程中，污泥床层分为上部已脱水区和下部未脱水区两个床层。

已脱水区Ⅰ：所有的电渗透脱水滤液都是从该区流出的，该区污泥的水分为相应的电场强度或电流密度下的平衡水分。

未脱水区Ⅱ：该区污泥的水分与污泥电渗透脱水前的初始值相同。

（7）从污泥导电模式的角度，可以把电渗透脱水的整个污泥层看作污泥导体。该导体分为已脱水区导体和未脱水区导体，这两个导体在电路中以串联的方式传导导电。其中已脱水区导体主要由固定水分和污泥固体颗粒组成，水分并不发生移动，只起传导导电作用，因而将已脱水区的导电称为固体传导导电；未脱水区的导电还包括电渗透脱水过程中去除的自由水导电，因而未脱水区的导电主要包括自由水导电和固体传导导电，且二者在电路中以并联的方式导电。电渗透脱水过程中的污泥导电模式如图 3 - 2 所示。图中 R_1 表示已脱水区Ⅰ的固定水分和污泥固体颗粒导体的电阻，R_2 表示未脱水区Ⅱ的固定水分和污泥固体颗粒导体的电阻，R_3 表示未脱水区

Ⅱ的固体颗粒间自由水导体的电阻。

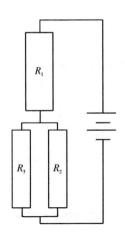

图 3 - 2　脱水泥饼导电模式示意

在电渗透脱水过程中,根据污泥中水分的物料平衡,t 时刻已脱水区Ⅰ的体积等于

$$Q = LAx_c \tag{3-1}$$

式中:Q 是脱水量;A 是污泥的横截面面积;L 是 t 时刻已脱水层的厚度;x_c 是污泥的平衡含水率。由于 L 是随着时间而变化的,因而污泥的平均含水率 x 计算如下:

$$x = x_0 - \frac{L}{L_0}(x_0 - x_c) \tag{3-2}$$

式中:x_0 是污泥的初始含水率;x_c 是污泥的平衡含水率;L_0 是污泥的初始厚度。对特定的污泥,x_c 是一个常数,其值取决于污泥的特性。

电阻 R_1 和 R_2 都是固定水分和污泥固体颗粒导电(固体传导导电),对特定操作条件下的污泥,电阻 R_1 和 R_2 的性质是相同的,所以电阻 R_1 和 R_2 的总电阻 R_0 是一个常数。

$$R_0 = R_1 + R_2 \tag{3-3}$$

式中:R_1 表示已脱水区Ⅰ的固定水分和污泥固体颗粒导体的电阻;R_2 表示未脱水区Ⅱ的固定水分和污泥固体颗粒导体的电阻。根据式(3 - 2),R_1 和 R_2 可以表示如下:

$$R_1 = R_0 \frac{L_a}{L_0} = R_0 \frac{x_0 - x}{x_0 - x_c} \tag{3-4}$$

$$R_2 = R_0 \frac{L_b}{L_0} = R_0 \frac{x - x_c}{x_0 - x_c} \tag{3-5}$$

式中:L_a 是已脱水区Ⅰ的厚度;L_b 是未脱水区Ⅱ的厚度。

假设污泥电渗透脱水过程中自由水的初始电阻为 R_0',电阻 R_3 可以表示如下:

$$R_3 = R_0' \frac{L_b}{L_0} = R_0' \frac{x - x_c}{x_0 - x_c} \qquad (3-6)$$

根据不同层间污泥的导电模式,电路中的总电阻 R 可以表示如下:

$$R = R_1 + \frac{R_2 R_3}{R_2 + R_3} \qquad (3-7)$$

将式(3-4)、式(3-5)和式(3-6)代入式(3-7)得到

$$R = R_0 \frac{x_0 - x}{x_0 - x_c} + \frac{R_0 R_0'}{R_0 + R_0'} \cdot \frac{x - x_c}{x_0 - x_c} \qquad (3-8)$$

当外加电压恒定时,根据欧姆定律,通过泥饼层的电流可表示如下:

$$I = \frac{U_0}{R} = \frac{(R_0 + R_0')(x_0 - x_c)U_0}{R_0^2 x_0 + R_0 R_0'(x_0 - x_c) - R_0^2 x} \qquad (3-9)$$

因此未脱水层污泥电渗透脱水的有效电场可以表示如下:

$$E_e = \frac{I \frac{R_2 R_3}{R_2 + R_3}}{L_b} = \frac{\frac{R_0 R_0'}{(R_0 + R_0')L_0}(x_0 - x_c)U_0}{R_0 x_0 - \frac{R_0 R_0'}{R_0 + R_0'} x_c - \frac{R_0^2}{R_0 + R_0'} x} \qquad (3-10)$$

由式(3-9)和式(3-10)可以看出,电渗透脱水的电流和未脱水区的有效电场强度都随着污泥平均含水率 x 减小而减小。根据 H-S 等式

$$v = \frac{\varepsilon \xi}{4\pi\eta} E \qquad (3-11)$$

式中:v 是电渗透脱水速率;ε 是溶液的介电常数;ξ 是固体颗粒表面的 zeta 电位;η 是溶液的黏度;E 是外加电场强度。令

$$\kappa = \frac{\varepsilon \xi}{4\pi\eta} \qquad (3-12)$$

式中 κ 是电渗透脱水常数,可以通过实验测定。

根据式(3-2),污泥平均含水率的计算如下:

$$x = x_0 - \frac{x_0 - x_c}{L_0} \int_0^t v \mathrm{d}t \qquad (3-13)$$

将式(3-10)和式(3-11)代入式(3-13),得到的积分方程如下:

$$x = x_0 - \frac{x_0 - x_c}{L_0} \int_0^t \frac{\kappa \frac{R_0 R_0'}{(R_0 + R_0')L_0}(x_0 - x_c)U_0}{R_0 x_0 - \frac{R_0 R_0'}{R_0 + R_0'} x_c + \left(\frac{R_0 R_0'}{R_0 + R_0'} - R_0\right)x} \mathrm{d}t \qquad (3-14)$$

将式(3-14)的两边分别对时间 t 求导,表达式如下:

$$\frac{\mathrm{d}x}{\mathrm{d}t} = -\frac{x_0 - x_c}{L_0} \cdot \frac{\kappa \frac{R_0 R_0'}{(R_0 + R_0')L_0}(x_0 - x_c)U_0}{R_0 x_0 - \frac{R_0 R_0'}{R_0 + R_0'}x_c + \left(\frac{R_0 R_0'}{R_0 + R_0'} - R_0\right)x} \qquad (3-15)$$

令 $K_1 = R_0 x_0 - \dfrac{R_0 R_0'}{R_0 + R_0'}x_c, K_2 = \dfrac{R_0 R_0'}{R_0 + R_0'} - R_0, K_3 = \dfrac{R_0 R_0'}{R_0 + R_0'}$。可见,$K_1$、$K_2$ 和 K_3 都是常数,其值可以通过实验求得。因而求得污泥平均含水率与初始电场强度、污泥厚度、脱水时间的关系如下:

$$x = \frac{-K_1 + \sqrt{K_1^2 - 2K_2\left[K_3\kappa(x_0 - x_c)^2 x_0 \frac{U_0}{L_0} \cdot \frac{t}{L_0} - \left(K_1 x_0 + \frac{1}{2}K_2 x_0^2\right)\right]}}{K_2} \qquad (3-16)$$

由式(3-16)可以看出,当初始电场强度恒定时,污泥平均含水率随时间按以上规律减小。

将式(3-1)和式(3-2)代入式(3-16)得出污泥脱水量 Q 与时间的关系:

$$Q = \frac{AL_0}{x_0 - x_c}\left\{x_0 + \frac{K_1 - \sqrt{K_1^2 - 2K_2\left[K_3\kappa(x_0 - x_c)^2 x_0 \frac{U_0}{L_0} \cdot \frac{t}{L_0} - \left(K_1 x_0 + \frac{1}{2}K_2 x_0^2\right)\right]}}{K_2}\right\}$$

$$(3-17)$$

在实际操作中,污泥含水率是一个非常重要的考察因素,因而式(3-17)是一个重要的模拟算式,通过后面的实验可以验证其可靠性。

电渗透脱水技术为污泥深度脱水提供了一条解决途径,但与干燥相比电渗透脱水是否具有优势,其能量效率发挥着重要作用。因此,考察能耗也是非常重要的,其计算方法如下式所示。

$$E = \frac{P}{m_t} = \frac{1}{m_t}\int UI\mathrm{d}t \qquad (3-18)$$

式中:E 是单位脱水量的能耗,$kW \cdot h/kg$;P 是总能耗,$kW \cdot h$;m_t 是脱除的水量,kg;U 是施加的电压,V;I 是电流,A;t 是时间,h。

将式(3-9)代入式(3-18)得出

$$P = \frac{(R_0 + R_0')(x_0 - x_c)^2 U_0^2 t}{L_0 A(x_0 - x)\left[R_0^2 x_0 + R_0 R_0'(x_0 - x_c) - 2R_0 x\right]} + C \qquad (3-19)$$

式中 C 是修正参数,它反映了污泥的热效应以及电极反应对污泥电渗透脱水能耗的影响。由式(3-19)可见,电渗透脱水的能耗受外加电压、污泥含水率以及脱水时间的影响。

单位脱水量的能耗 P 在污泥电渗透脱水的经济评估和脱水设备的设计中是一

个非常重要的参数,所以式(3-19)是本研究构建的一个重要的模拟算式,其可靠性可以通过后面的实验进行验证。

3.1.2　模型的验证

为了验证该模型的可靠性,通过恒电压下污泥的电渗透脱水实验进行验证。模型中的参数是在一定的电场强度及污泥厚度下通过污泥电渗透脱水的实验数据确定的,然后使用该模型去预测其他条件下污泥含水率及能耗的变化。通过将模型计算出的理论值与实验值比较,验证该模型的可靠性。

3.1.2.1　材料和方法

实验所用的装置如图3-3所示。电渗透脱水工作部件为一个内径为70 mm 的有机玻璃筒,该圆筒竖直放置,筒内填充脱水污泥。脱水物料的上、下两侧分别安放电渗透脱水的电极,阳极紧密接触污泥的上表面,同时提供7 kPa 的压力,以保证在脱水过程中阳极和污泥表面密切接触;阴极置于滤布或泥饼的下方。在脱水过程中水分从阴极下端排出,同时用一块吸水材料吸收从阴极排出的滤液。用直流电源输出额定电压,用万用表测量脱水过程中电流的变化,用秒表记录时间,并用电子天平称量污泥在一定时间内的脱水量。

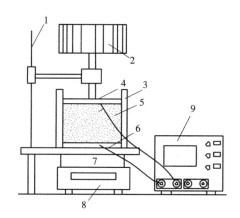

1—支架;2—重物;3—支撑板;4—阳极;5—泥饼;6—阴极;7—吸水材料;8—支撑物;9—直流电源

图3-3　污泥电渗透脱水实验装置示意

实验所用的材料来自天津市纪庄子污水处理厂。该厂处理的污水为市政污水,其污水处理能力为26 万 m^3/d。在污水处理过程中产生的剩余污泥经过浓缩并加入一定量的阳离子絮凝剂,被运输到脱水机房进行离心脱水。脱水后的泥饼初始含水率为79.0%,灰分值为36.1%。

3.1.2.2　结果和讨论

在实际电渗透脱水过程中,恒电压时污泥的脱水速率随时间逐渐减小;而 H-S

等式[式(3-11)]显示,当外加电压恒定时,污泥的电渗透脱水速率应该是恒定的(假设污泥的性质没有发生变化),因而对压滤脱水后的泥饼 H-S 等式有一定的适用性。当已脱水区Ⅰ的污泥含水率达到平衡后,该区的污泥传导导电,消耗一部分电压降,造成未脱水区Ⅱ的有效电场强度降低,从而导致污泥脱水速率减小。为了验证该假设的可靠性,考察了未脱水区Ⅱ的有效电场强度与污泥平均含水率的关系,如图3-4 所示。作为电渗透脱水驱动力的有效电场强度根据式(3-10)进行计算,参数 R_0、R_0'、x_0 和 x_c 分别为 328.95 Ω、9.36 Ω、79.0% 和 56.0%。

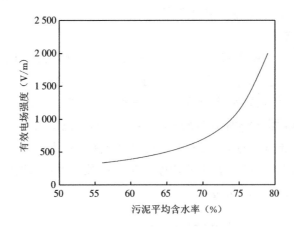

图3-4 未脱水区Ⅱ的有效电场强度随污泥平均含水率的变化

图3-4 显示未脱水区Ⅱ的有效电场强度随污泥含水率降低先急剧下降,随后趋于平缓。由于未脱水污泥层的有效电场强度急剧下降,电渗透脱水变得越来越困难。如果有效电场强度表述正确,电渗透脱水速率和有效电场强度的关系应该是线性的。为了证实这一观点,实验测定的脱水速率和有效电场强度的关系如图3-5 所示。图中显示污泥电渗透脱水速率与有效电场强度的线性相关性很好,而且随着有效电场强度减小,污泥电渗透脱水速率逐渐减小。因此,基于污泥导电模式的有效电场强度的假设是可靠的,同时研究中提出的模型也很好地解释了压滤后污泥电渗透脱水速率随时间变化的原因。

在恒电压状态下,电渗透脱水过程中污泥平均含水率随时间变化的理论值和实验值如图3-6 所示。根据实验结果,参数 K_1、K_2 和 K_3 分别为 25 481.4、-319.9 和 9.1,使用这些参数及式(3-16)提出的数学算式,得到污泥平均含水率 x 的计算式如下:

$$x = 79.654 - 6.719\sqrt{0.06 + t} \tag{3-20}$$

结果显示,理论值和实验值比较吻合。在脱水初期,污泥含水率迅速下降,随着脱水时间的延长,污泥含水率与时间的关系曲线的斜率变得越来越小。

图3-7 为污泥电渗透脱水过程消耗的电能随污泥含水率变化的理论值和实验

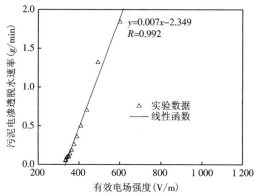

图 3-5　污泥电渗透脱水速率与有效电场强度的关系

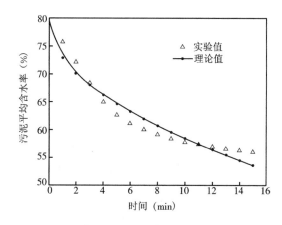

图 3-6　污泥平均含水率随时间变化的理论值和实验值的比较

值的比较。式(3-19)中的修正参数 C 为 0.036。从图中可以看到理论值和实验值相吻合,当污泥含水率降到一定范围时能耗急剧上升。

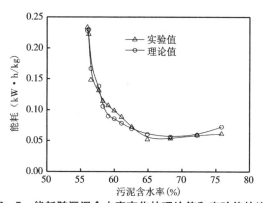

图 3-7　能耗随污泥含水率变化的理论值和实验值的比较

3.1.3　小结

　　基于不同污泥层间的导电模式,本章提出了恒电压状态下的污泥电渗透脱水模型。该模型描述了污泥含水率随时间的变化以及电渗透脱水过程的能耗随污泥含水率的变化。通过对模型参数的测定,可知模型的理论值和实验值吻合得很好。该模型可以用来预测和优化操作条件,尤其对机械脱水后的泥饼。同时,该模型对深刻认识污泥的电渗透脱水以及导电机理具有非常重要的意义。

3.2　渗流模型

3.2.1　物理模型与基本假设

　　本节探讨在恒压电场的基础上,特定作用方案下的污泥电脱水模型。为了获取相关设计方程,以电渗流通过可压缩性颗粒填充床作为模型,将整个污泥床看成多孔介质,利用渗流理论分析水分如何在孔隙中运动以实现固液分离,并结合导电原理分析电脱水过程中的电脱水量和电流值随时间的变化情况。模型方程的精确性通过实验进行验证,将实验测定值与模型的计算值比较,通过衡算平均相对误差来分析两对数据的契合程度。同时,对电渗透脱水过程中污泥表现出来的一些特性进行分析。在电脱水过程中,由于电化学反应造成的阳极材料腐蚀不可忽略,并且通过观察可以知道,在脱水过程中,接近阳极处的污泥层表面会形成一层相对于其他污泥层来说较为干燥且有一定程度龟裂的区域,称之为阳极腐蚀层,所以将整个污泥泥饼分为阳极腐蚀层和正脱水层。污泥电脱水的物理模型简化图如图 3-8 所示。

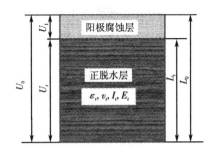

图 3-8　污泥电脱水的物理模型简化图

　　为了便于分析,提出以下假定:
　　(1)除了阳极腐蚀层,其他区域(正脱水层)在整个脱水过程中均在脱水;
　　(2)正脱水层中的水分均匀分布,各个横截面上的脱水同时进行且速率相等;
　　(3)在操作条件一定时,污泥的电渗系数可以被看作常数;

（4）忽略阳极腐蚀层中存留的水分；

（5）污泥固体颗粒不随滤液流出；

（6）忽略电泳、电渗析、电化学反应对电脱水的作用,将电脱水简化成单纯电渗透作用的结果；

（7）阳极腐蚀层的脱水量忽略不计。

3.2.2　模型的构建

基于亥姆霍兹（Helmholtz）理论,Debye-Huckel 提出了脱水层中的电渗流速 v_E：

$$v_E = \frac{\xi D E_t}{k \pi \mu} \left(\frac{1}{300} \right)^2 \tag{3-21}$$

式中：ξ——zeta 电位；

　　D——液体的介电常数,F/m；

　　E_t——电场强度,V/m；

　　μ——液体的黏度,Pa·s；

　　k——粒子形状系数。

令

$$\alpha = \frac{\xi D}{k \pi \mu} \left(\frac{1}{300} \right)^2 \tag{3-22}$$

式中 α 为电渗系数,可以通过实验测得。将式(3-22)代入式(3-21)得

$$v_E = \alpha E_t \tag{3-23}$$

其中 E_t 是时间的函数,随时间而变化,因此,在不同时刻下,污泥层中液体的流速 v_E 也是不同的。

以电学为基础,对整个脱水过程进行详细分析。设 L_0 为污泥的初始厚度,x_0 为污泥的初始含水率,阳极腐蚀层的电阻为 R_1,正脱水层中包含水分和固体颗粒,正脱水层中固体颗粒的电阻为 R_2,正脱水层中水分的电阻为 R_2',整个污泥层中所含的固体颗粒是一定的,不随脱水的进行而发生变化,因此固体颗粒的总电阻是一个常量,为 R_0,即 $R_1 + R_2 = R_0$。污泥中水分的总电阻为 R_0',在脱水过程中由于不断有水分从正脱水层中脱出,所以 R_2' 是随时间变化的。导电模型如图 3-9 所示。

$$R_1 + R_2 = R_0 \tag{3-24}$$

$$R_2' = \frac{L_0 x_0 - \int_0^t v_E \, dt}{L_0 x_0} R_0' \tag{3-25}$$

由导电模型可知,R_2 和 R_2' 先并联,然后和 R_1 串联,因此电路中的总电阻 R 可以表示如下：

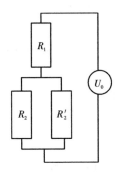

图 3 - 9　导电模型

$$R = R_1 + \frac{R_2 R_2'}{R_2 + R_2'} \tag{3-26}$$

当施加的恒定电压为 U_0 时,流通整个污泥层的总电流为

$$I = \frac{U_0}{R} = \frac{U_0}{R_1 + \dfrac{R_2 R_2'}{R_2 + R_2'}} = \frac{U_0(R_2 + R_2')}{R_1 R_2 + R_1 R_2' + R_2 R_2'} = \frac{U_0(R_2 + R_2')}{R_1 R_2 + R_0 R_2'} \tag{3-27}$$

正脱水层的分压为

$$U_t = I \frac{R_2 R_2'}{R_2 + R_2'} \tag{3-28}$$

将式(3 - 27)代入式(3 - 28)中得

$$U_t = \frac{U_0(R_2 + R_2')}{R_1 R_2 + R_0 R_2'} \cdot \frac{R_2 R_2'}{R_2 + R_2'} = \frac{U_0 R_2 R_2'}{R_1 R_2 + R_0 R_2'} \tag{3-29}$$

作用在正脱水层上的电场强度 E_t 表示为

$$E_t = \frac{U_t}{L_0} \tag{3-30}$$

将式(3 - 25)和式(3 - 29)代入式(3 - 30)得

$$E_t = \frac{\dfrac{U_0}{L_0}(R_0 - R_1)\left(R_0' - \dfrac{\displaystyle\int_0^t v_E \mathrm{d}t}{L_0 x_0} R_0'\right)}{R_1(R_0 - R_1) + R_0\left(R_0' - \dfrac{\displaystyle\int_0^t v_E \mathrm{d}t}{L_0 x_0} R_0'\right)} \tag{3-31}$$

将式(3 - 31)代入式(3 - 23)得

$$v_E = \alpha E_t = \alpha \frac{\dfrac{U_0}{L_0}(R_0 - R_1)\left(R_0' - \dfrac{\displaystyle\int_0^t v_E \mathrm{d}t}{L_0 x_0} R_0'\right)}{R_1(R_0 - R_1) + R_0\left(R_0' - \dfrac{\displaystyle\int_0^t v_E \mathrm{d}t}{L_0 x_0} R_0'\right)}$$

$$= \alpha \frac{\dfrac{U_0}{L_0}(R_0 - R_1)R_0' - \dfrac{U_0}{L_0}(R_0 - R_1)\dfrac{\displaystyle\int_0^t v_E \mathrm{d}t}{L_0 x_0} R_0'}{R_1(R_0 - R_1) + R_0 R_0' - \dfrac{\displaystyle\int_0^t v_E \mathrm{d}t}{L_0 x_0} R_0 R_0'} \tag{3-32}$$

令

$$\int_0^t v_E \mathrm{d}t = q \tag{3-33}$$

$$R_1(R_0 - R_1) + R_0 R_0' = K_1 \tag{3-34}$$

$$\frac{R_0 R_0'}{L_0 x_0} = K_2 \tag{3-35}$$

$$U_0(R_0 - R_1)R_0'/L_0 = K_3 \tag{3-36}$$

$$U_0(R_0 - R_1)\frac{R_0'}{L_0^2 x_0} = K_4 \tag{3-37}$$

将式(3-33)~式(3-37)代入式(3-32)得

$$q' = \alpha \frac{K_3 - K_4 q}{K_1 - K_2 q} = \alpha \frac{\dfrac{K_4}{K_2}(K_1 - K_2 q) + K_3 - \dfrac{K_1 K_4}{K_2}}{K_1 - K_2 q} \tag{3-38}$$

将式(3-38)变形得式(3-39):

$$\frac{\mathrm{d}q}{\mathrm{d}t} = \alpha \frac{K_4}{K_2} + \alpha \frac{K_2 K_3 - K_1 K_4}{K_1 K_2 - K_2^2 q} \tag{3-39}$$

对 q 和 t 分别进行积分,得

$$(1 + K_1 K_2)q - \frac{K_2^2}{2}q^2 = \alpha\left(K_2 K_3 + \frac{K_4}{K_2} - K_1 K_4\right)t \tag{3-40}$$

因为 $Q = A\displaystyle\int_0^t v_E \mathrm{d}t = qA$,所以将式(3-40)变为

$$\frac{1 + K_1 K_2}{A}Q - \frac{K_2^2}{2A^2}Q^2 = \alpha\left(K_2 K_3 + \frac{K_4}{K_2} - K_1 K_4\right)t \tag{3-41}$$

对式(3-41)求解,得

$$Q = A \frac{1 + K_1 K_2 + \sqrt{(1 + K_1 K_2)^2 - 2\alpha(K_2^3 K_3 - K_1 K_2^2 K_4 + K_2 K_4)t}}{K_2^2} + k_1 \quad (3-42)$$

因为 K_1、K_2、K_3、K_4 均是污泥的初始厚度 L_0、初始含水率 x_0、恒定电压值 U_0、时间变量 t 的函数,因此 Q 也是 L_0、x_0、U_0 和 t 的函数,在特定条件下,L_0、x_0 和 U_0 是常量。

Q 已得解,所以 q 也得解:

$$q = \int_0^t v_E \mathrm{d}t = \frac{1 + K_1 K_2 + \sqrt{(1 + K_1 K_2)^2 - 2\alpha(K_2^3 K_3 - K_1 K_2^2 K_4 + K_2 K_4)t}}{K_2^2} + k_2$$

$$(3-43)$$

将式(3-43)代入式(3-25),得到 R_2':

$$R_2' = R_0' - \frac{R_0'}{L_0 x_0 K_2^2}\left[1 + K_1 K_2 + \sqrt{(1 + K_1 K_2)^2 - 2\alpha(K_2^3 K_3 - K_1 K_2^2 K_4 + K_2 K_4)t} \right] + k_3$$

$$(3-44)$$

将式(3-44)代入式(3-27),得到流通在污泥层中的总电流 I:

$$I = \frac{U_0\left\{ R_0 - R_1 + R_0' - \frac{R_0'}{L_0 x_0 K_2^2}\left[1 + K_1 K_2 + \sqrt{(1 + K_1 K_2)^2 - 2\alpha(K_2^3 K_3 - K_1 K_2^2 K_4 + K_2 K_4)t} \right] \right\} + k_4}{R_1(R_0 - R_1) + R_0 R_0' - \frac{R_0 R_0'}{L_0 x_0 K_2^2}\left[1 + K_1 K_2 + \sqrt{(1 + K_1 K_2)^2 - 2\alpha(K_2^3 K_3 - K_1 K_2^2 K_4 + K_2 K_4)t} \right] + k_5} + k_6$$

$$(3-45)$$

式(3-42)~式(3-45)中 $k_1 \sim k_6$ 均为修正数值。

消耗的电能 $E_{电}$ 为

$$E_{电} = U_0 \int_0^t I \mathrm{d}t \quad (3-46)$$

将式(3-45)代入式(3-46),得到特定条件下不同作用时间时的电能消耗量:

$$E_{电} = U_0 \int \frac{U_0\left\{ R_0 - R_1 + R_0' - \frac{R_0'}{L_0 x_0 K_2^2}\left[1 + K_1 K_2 + \sqrt{(1 + K_1 K_2)^2 - 2\alpha(K_2^3 K_3 - K_1 K_2^2 K_4 + K_2 K_4)t} \right] \right\}}{R_1(R_0 - R_1) + R_0 R_0' - \frac{R_0 R_0'}{L_0 x_0 K_2^2}\left[1 + K_1 K_2 + \sqrt{(1 + K_1 K_2)^2 - 2\alpha(K_2^3 K_3 - K_1 K_2^2 K_4 + K_2 K_4)t} \right]} \mathrm{d}t$$

$$(3-47)$$

3.2.3　模型的验证

3.2.3.1　材料和方法

实验中所用的污泥全部取自天津市咸阳路污水处理厂。该厂处理的对象主要为市政污水,污水处理量为 45 万 $\mathrm{m^3/d}$,采用 A/O(即厌氧/好氧)工艺法进行处理,在污水处理过程中产生剩余污泥。污泥处理采用污泥中温二级消化,经过浓缩、离心脱水后污泥含水率仍很高,维持在 80.0% ±0.5%,灰分含量为 36.0% ±0.1%,烧失量为

55.22% ~ 56.35%,密度是 1.02 g/cm³,pH 值达到 7.48,呈灰黑色,略带臭味。污泥中含有 Cr、Cu、Zn、Pb、Ni 等矿物元素,N、P、K 及各种有机质的含量丰富,因此从营养物质补给的角度看,咸阳路污水处理厂产生的污泥很适合农用。

由于污泥成分复杂,含有多种易挥发和易变质的物质,为了保证实验的严谨性,污泥采样后立即放置于实验室中,在 4 ℃下低温储存,每组实验工作均在 3 d 内完成。

实验采用自制的污泥电脱水装置,如图 3 – 10 所示。

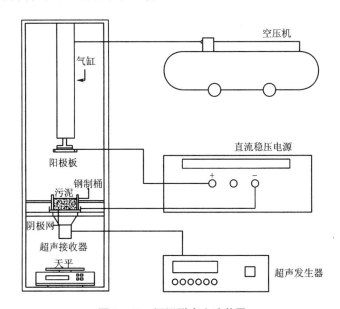

图 3 – 10　污泥脱水实验装置

实验装置主要由钢制桶、直流稳压电源、超声发生器、空压机、阳极板、阴极网、天平组成。钢制桶用来盛放待脱水的污泥泥饼;直流稳压电源提供电脱水所需的额定电压,在实验开始前将电压预置到确定的数值,将电源的正、负极通过导线分别与污泥层两端的阳极板和阴极网连接,工作电流由显示器读出;超声发生器通过超声接收器将一定频率和功率的超声能量作用于污泥;空压机通过调节稳压阀将额定的压力输送到气缸,使阳极板在一定压力的作用下向下移动,并与污泥层接触;阴极网放置于带孔的钢板上,保证其与污泥充分接触的同时,水分能从方孔中无障碍地流出;位于钢制桶正下方的天平上放置着一个塑料容器,接收脱水过程中从阴极网下侧排出的滤液,通过读取天平上的数值对滤液质量进行实时监测。在将电场施加到污泥层上之前,需要通过调节气缸上的稳压阀将压力调节至 0.05 MPa,对污泥进行微弱预压 0.5 min,使污泥挤压均匀、内部没有空隙,以保证电脱水时电流流通性良好。由于施加的机械压力过小,不足以使泥饼变形,在实验后污泥仍保持 4.0 cm 的厚度,因此不会对电脱水产生任何影响。

实验所用仪器及其详细型号如表 3 - 1 所示。

表 3 - 1　仪器型号及生产厂家

仪器型号	生产厂家
OTS550 型无油空压机(额定排气压力为 0.7 MPa)	台州市奥突斯工贸有限公司
DH1716A - 10 直流稳压稳流程控电源(60 V/20 A)	北京大华无线电仪器厂
SZWT - 168 型无级调频超声发生器 (功率 0 ~ 200 W,频率 13 ~ 60 kHz)	北京大华无线电仪器厂
JJ1000 电子天平(500 g/0.01 g)	美国双杰测试仪器厂

实验过程中所用到的试剂及其来源如表 3 - 2 所示。

表 3 - 2　实验试剂及其来源

试剂	规格	生产厂家
溴化十六烷基三甲胺(CTAB)	分析纯	北京壹泽生物技术有限公司
无水氯化钙	分析纯	天津市科密欧化学试剂有限公司

实验方法:称取大约 342 g 污泥,放置在钢制桶中,将其布置成厚度为 4.0 cm 的污泥泥饼,开启直流电源,将电压调节至特定的数值(30 V、40 V、50 V),然后断开电源,将直流电源的负极线接在阴极网处,直流电源的正极线与气缸下方的阳极板连接,重新开启电源,使污泥在一定电场强度的作用下进行电脱水,从污泥中脱出的滤液透过阴极网,收集在位于钢制桶正下方的正方形容器中,滤液的质量可以通过天平的读数实时读取。每隔 1.0 min 记录脱出的水的总量和电流值。

3.2.3.2　电压值对脱水量的影响

为了分析在不同强度的电场作用下污泥脱水效果的差异,本实验测试了厚度为 4.0 cm 的污泥层在不同电压(30 V、40 V、50 V)下脱出的渗滤液量 Q 随时间 t 的变化情况,如图 3 - 11 所示。

由图 3 - 11 可知,电压为 50 V 时,脱出的渗滤液量最多,在 30 V 下脱出的渗滤液量最少。由此可见,随着施加在污泥层上的电压增大,污泥的脱水率提高,污泥的脱水效果变好,但是电压大意味着电能消耗大,考虑到电阻热损造成的高耗能,从经济性的角度分析,外加电压不宜过大[91]。在任一电压下,随着时间延长至 10 min 左右,渗滤液量增加的趋势变小,造成这种现象的主要原因如下:①随着电脱水的进行,极板附近由于发生电化学反应产生气体,气体难以扩散而聚积,再加上接近阳极板处的污泥层水分迅速流失,形成了不饱和层,使污泥层龟裂,这两方面综合导致了污泥的电阻急剧增大,因此造成电渗驱动力减小,污泥的脱水效率逐渐降低;②部分电能

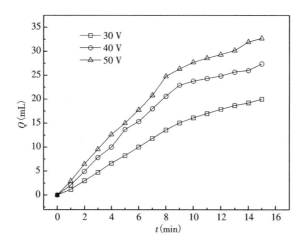

图 3 - 11　不同电压下脱水量 Q 随时间 t 的变化情况

转化成欧姆热,使一部分水分以水蒸气的形式蒸发到空气中,造成测得的渗滤液量与实际值有一定的差异,这种现象在高电压下尤其明显;③在电场作用一定时间后,污泥中已经脱出很多水分,在垂直电场作用下,阴极网发生一定程度的堵塞,使水分不能充分移动,阻碍了污泥内水分的继续移动和渗滤液的收集。

3.2.3.3　脱水量实验值与模型值的比较

实验条件一定时, L_0、x_0 是确定值,污泥的电学参数(如 U_0、R_0、R_0' 等)也是确定值,将其代入式(3 - 42)。由于 K_2^2 数值极大,因此可将式(3 - 42)简化为

$$Q = A \times \left[\frac{K_1}{K_2} + \sqrt{\left(\frac{K_1}{K_2}\right)^2 - 2\alpha\left(\frac{K_2K_3 - K_1K_4}{K_2^2}\right) \times t} \right] + k_1 \qquad (3 - 48)$$

由前面 K_1、K_2、K_3、K_4 的表达式可知:K_1、K_2 与电压值 U_0 无关,因此在施加不同电压的情况下,K_1、K_2 的值不发生变化;K_3、K_4 是与电压值 U_0 相关的参数,因此会随着电压值的改变而发生变化。

电压值改变不会对污泥的初始电阻产生影响,当电压分别为 30 V、40 V、50 V 时,污泥的初始电阻值相同,均为 $R_0 = 210$ Ω,$R_0' = 10.5$ Ω,$R_1 = 5$ Ω,将其代入式(3 - 48),得到不同电压下污泥电脱水的数学模型,如表 3 - 3 所示。

表 3 - 3　不同电压下脱水量 Q 与时间 t 的模型表达式

电压(V)	脱水量 Q 与时间 t 的模型表达式
30	$Q = 78.5 \times (4.7 + \sqrt{22 + 0.22t}) - 738$
40	$Q = 78.5 \times (4.7 + \sqrt{22 + 0.33t}) - 738$
50	$Q = 78.5 \times (4.7 + \sqrt{22 + 0.38t}) - 738$

将模型值与实验值对比,以判断污泥电脱水数学模型的准确性,如图3－12所示,其中光滑的曲线根据模型表达式绘制而成,散落在曲线两边的点是实验测得的数据。由图可知,实验测得的数据点基本均匀地散落在根据模型表达式绘成的曲线两侧。经过计算,当电压为30 V时,实验值与模型值的平均相对误差为4.4%;当电压为40 V时,实验值与模型值的平均相对误差为3.1%;当电压为50 V时,实验值与模型值的平均相对误差为5.9%。由此可推断,在本实验的范围内,由式(3－41)推导的不同时刻下Q的值与相同条件下的实验测定值表现出很高的一致性。分析式(3－41)可知,Q与t呈多项式关系,而在图形上,与t近似呈线性关系,这是由于t前面的系数较小,当时间较短时,Q表现不出太大的曲线波动。

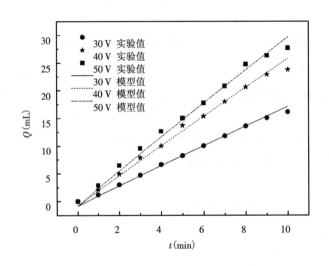

图3－12　不同电压时脱水量Q的实验值与模型值的对比情况

3.2.3.4　电流随时间的变化

在不同电压的作用下,电流随时间的变化情况如图3－13所示。

由图3－13可知,随着施加在污泥泥饼上的电压增大,初始电流明显变大,与此同时,电流随时间的波动趋势明显,电流衰减速度较快,这是因为高电压导致接近阳极板处的污泥迅速变干结块,污泥的整体电阻迅速增大,使电流强度迅速衰减。通过实验过程中的观察发现,电压为50 V时,温度在短时间内升温较快,有大量白色蒸汽从阳极板处逸出,由此可知,高强度电场作用于污泥脱水,会有相当多的一部分电能转化成欧姆热。在一定条件下,电压梯度越大,脱水效果越好,然而电能消耗也越大。因此在追求脱水效率最大化的同时,也要考虑能量成本。

3.2.3.5　电流实验值与模型值的比较

对式(3－45)进行整理,得到电流I随时间t变化的简化方程:

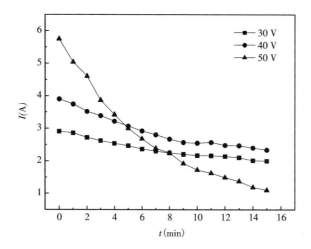

图 3 – 13　不同电压下电流随时间的变化情况

$$I = \cfrac{U_0(R_0 + R_0' - R_1) - \cfrac{U_0 R_0'}{L_0 x_0}\left[\cfrac{K_1}{K_2} + \sqrt{\left(\cfrac{K_1}{K_2}\right)^2 - 2\alpha\left(\cfrac{K_2 K_3 - K_1 K_4}{K_2^2}\right)}t\right] + k_4}{R_1(R_0 - R_1) + R_0 R_0' - \cfrac{R_0 R_0'}{L_0 x_0}\left[\cfrac{K_1}{K_2} + \sqrt{\left(\cfrac{K_1}{K_2}\right)^2 - 2\alpha\left(\cfrac{K_2 K_3 - K_1 K_4}{K_2^2}\right)}t\right] + k_5} + k_6$$

$$(3 - 49)$$

Q 与 t 的关系式为

$$Q = A\left[\frac{K_1}{K_2} + \sqrt{\left(\frac{K_1}{K_2}\right)^2 - 2\alpha\left(\frac{K_2 K_3 - K_1 K_4}{K_2^2}\right) \times t}\right] + k_1 \qquad (3 - 50)$$

将式(3 – 50)代入式(3 – 49)得

$$I = \cfrac{U_0(R_0 + R_0' - R_1) - \cfrac{U_0 R_0'}{L_0 x_0}\left(\cfrac{Q - k_1}{A}\right) + k_4}{R_1(R_0 - R_1) + R_0 R_0' - \cfrac{R_0 R_0'}{L_0 x_0}\left(\cfrac{Q - k_1}{A}\right) + k_5} + k_6 \qquad (3 - 51)$$

将电流的实验值与模型值进行比较,观察二者的拟合程度,以此判定模型的准确性。根据式(3 – 51)中 I 与 Q 的数学关系,得出电压分别为 30 V、40 V、50 V 时 I 与 Q 的数学关系,分别为 $I = (1\ 016 + 1.3Q)/(326 + 8.8Q)$，$I = (1\ 336 + 1.73Q)/(326 + 8.8Q) + 0.07$，$I = (3\ 489 + 2.2Q)/(326 + 8.8Q) - 4.23$，再结合上一节已经求得的特定电压下脱水量 Q 与时间 t 的关系式,最终得到电压分别为 30 V、40 V、50 V 时流经污泥层的电流 I 与时间 t 的数学模型,结果如表 3 – 4 所示。

表 3 - 4　不同电压下电流 I 与时间 t 的模型表达式

电压(V)	电流 I 与时间 t 的模型表达式
30	$I=\dfrac{102\sqrt{22+0.22t}+526}{691\sqrt{22+0.22t}-2\,921}$
40	$I=\dfrac{136\sqrt{22+0.33t}+698}{691\sqrt{22+0.33t}-2\,921}+0.07$
50	$I=\dfrac{173\sqrt{22+0.38t}+2\,677}{691\sqrt{22+0.38t}-2\,921}-4.23$

根据已经推算出的电压为 30 V、40 V、50 V 时电流 I 与时间 t 的数学表达式,将模型值与实验值放在一个图中,观察二者的契合程度,如图 3 - 14 所示。

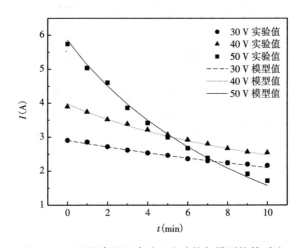

图 3 - 14　不同电压下电流 I 实验值与模型值的对比

观察图 3 - 14 可知,实验测得的数据点几乎全都均匀落在根据模型表达式绘成的曲线两侧。经过计算得知,在电压为 30 V 时,电流 I 的模型值与实验值的平均相对误差是 0.8%;在电压为 40 V 时,电流 I 的模型值与实验值的平均相对误差是 1.1%;在电压为 50 V 时,电流 I 的模型值与实验值的平均相对误差是 3.2%。由此可见,本模型推导的 I 和 t 的关系式在本实验范围内与测量值有很大的相关性。由实验值的变化趋势可知,I 和 t 表现出良好的指数关系,与式(3 - 45)中 I 和 t 的关系一致。

综上所述,本模型对预测污泥电脱水过程中 t 时刻时流经污泥层的电流值 I 有一定的准确性,因此可以尝试将其运用于更大规模的污泥电脱水工程中预测电流变化规律,最终衡算出特定电压下单位渗滤液的电能消耗,这为实际电脱水过程的能耗分析提供了可靠的理论支撑,可在此基础上对整个脱水系统进行经济分析,进而决定其是否适合工业化运行。

第4章 电脱水的特性与优势分析

4.1 高效脱水与减量化

通过电压、压强和脱水时间等操作条件的不同组合,获得了污泥电脱水的不同脱水效果,如表4-1所示。

从表4-1中可以看出,较高的电压可以降低污泥的最终含水率并缩短脱水时间,同时使能耗增加。在50 V、21 kPa的条件下,电脱水90 s可以轻易地将污泥含水率由82.7%降至56.10%,污泥体积将减小60.59%。

表4-1 污泥电脱水的工况组合及脱水效果(初始厚度5 mm,含水率82.7%)

电压(V)	压强(kPa)	脱水时间(s)	最终含水率(%)	耗电量(kW·h/t)	体积减小率(%)
40	9	60	68.74	73.83	44.66
40	15	90	65.24	94.75	50.23
50	9	60	65.42	115.89	49.97
40	21	60	61.15	135.18	55.47
40	24	90	60.11	138.96	56.63
50	24	60	58.91	157.78	57.90
50	21	90	56.10	186.72	60.59

注:表中的耗电量为每吨湿污泥的耗电量。

Barton等做过关于污泥电脱水的实验[46],采用电脱水与压滤脱水相结合的方法。在100 V、300 kPa下,污泥含水率由83%降至68%,大约需要10.5 min,耗电量大约为116 kW·h/t。

在于晓艳的电脱水实验[92]中,在12 V、7 kPa的条件下,污泥含水率由79.0%降至60.3%,耗电量大约为35.6 kW·h/t,所需时间为5 min。

4.2　电脱水对污泥干化的促进作用

4.2.1　污泥剪切应力研究

4.2.1.1　实验材料

　　实验所用污泥均取自天津市纪庄子污水处理厂。污泥来自初沉池及二沉池的剩余污泥,经机械脱水处理后,含水率为 82%~83%,有机质含量为 50%~60%,颜色为黑色。污泥性质的测定方法如表 4-2 所示。

表 4-2　污泥性质的测定方法

指标	数值	测定方法
含水率	82%~83%	灼烧减量法
pH 值	7.2	玻璃电极法

4.2.1.2　实验装置

　　污泥剪切应力实验装置如图 4-1 所示。

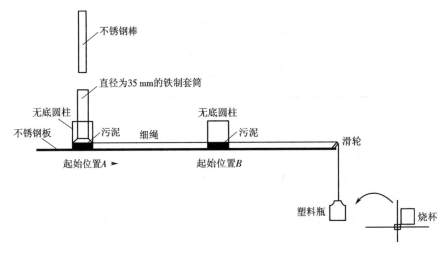

图 4-1　污泥剪切应力实验装置示意

4.2.1.3　实验方法

　　1)经污泥电渗透脱水处理的实验方法

　　将污泥布置成一定厚度的圆饼。泥饼上、下两侧分别安放电渗透脱水的电极,其中:阳极为石墨板,提供 15 kPa 的压力,以保证在脱水过程中和污泥表面密切接触;阴极为孔径为 58 μm(100 目)的不锈钢网,置于泥饼下方,同时用一块吸水材料吸收从阴极排出的水分。用直流电源输出额定电压,用秒表记录电渗透脱水的时间。然后测定电渗透脱水污泥的含水率,直到满足实验要求为止。

2)未经电渗透脱水处理的实验方法

取一定量的污泥晾晒,每 3 h 测量一次污泥含水率(将污泥搅拌均匀后,每次取大约 10 g 的污泥测量含水率)。取一个蒸发皿,称重并记为 m_0,将取出的污泥放在蒸发皿中再次称重,记为 m_1。将蒸发皿放到烘箱中烘至恒重,称量蒸发皿的质量,记为 m_2。最后按照下式计算污泥的含水率 x,直到污泥的含水率满足实验要求为止。

$$x = \frac{m_1 - m_2}{m_1 - m_0} \times 100\% \tag{4-1}$$

3)污泥剪切应力实验方法

第一步,按实验装置图 4 - 1 连好各实验器材。

第二步,做空白实验,向塑料瓶中加水直到圆柱刚刚移动,称量塑料瓶的质量,记为 n_1。

第三步,取 15 g 左右的污泥,倒入圆柱内,放入套筒,再使不锈钢棒从套筒上口处自由落下,然后保持 90 s,目的是使污泥黏附在不锈钢板上,然后取出套筒和不锈钢棒,用塑料杯向空塑料瓶中加水,直到圆柱刚刚移动,停止加水,称塑料瓶的质量,记为 n_2。反复测量几次并记录数据,最后取平均值,按照下式计算剪切应力值。

$$\tau = \frac{(n_2 - n_1)g}{1\,000A} \tag{4-2}$$

式中:τ 为污泥的剪切应力,Pa;n_1 为未加污泥时塑料瓶的质量,g;n_2 为加入污泥后塑料瓶的质量,g;A 为圆柱体底面的面积,m^2;g 为重力加速度,9.81 m/s^2。

4.2.1.4　实验结果及数据分析

污泥剪切应力实验结果可反映污泥的黏性强弱[93],剪切应力值越大,污泥在不锈钢板上的黏附性就越强。由图 4 - 2 可知,a 曲线及 b 曲线均为剪切应力随污泥含固率的变化曲线。a 曲线所用污泥未经电渗透脱水技术处理,而 b 曲线所用污泥经电渗透脱水技术处理。整体而言,无论是经电渗透脱水的污泥还是未经电渗透脱水的污泥,在本实验 20% ~40% 的含固率范围内,剪切应力值均在 900 Pa 以上,即均表现出了一定程度的黏附性,而且剪切应力值均随含固率增大呈现先增大后减小的趋势。在低含固率时,污泥中的水分较多,水分的存在会阻碍污泥中的干物质与不锈钢板之间的黏结,仅需要较小的剪切力就能使得污泥在不锈钢板上滑移,此时污泥的黏附力较小[94]。随着污泥含固率的增大,污泥中的水分减少,污泥变得干燥,污泥在不锈钢板上所受到的阻力随之增大,污泥滑移所需的剪切应力值也相应增大,污泥进入

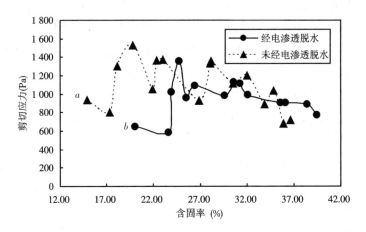

图 4 - 2　污泥剪切应力随污泥含固率的变化曲线

黏性阶段。当含固率继续增大时,污泥中的干物质缺乏足够的流动性,污泥变得更加干燥,使得污泥在不锈钢板上滑移的剪切应力值又逐渐减小。未经电渗透脱水处理的污泥的剪切应力规律与 Bart Peeters 等发现的剪切应力随污泥含固率变化的规律一致,同时也符合 Gray 等编写的《生物废水处理》(*Biology of Wastewater Treatment*)中提及的含固率为 15% ~35% 时剪切应力值的变化范围[95]。

有研究表明,污泥中胞外聚合物(EPS)的含量较高。EPS 是附着在微生物细胞壁上的大分子有机聚合物。微生物的新陈代谢、自溶以及进水基质是 EPS 的主要来源。其主要成分为各类高分子物质,如多聚糖、蛋白质、核酸、腐殖酸等,其中多聚糖和蛋白质占整个 EPS 质量的 75% ~89%[92]。作为污泥组成的一部分,EPS 带有负电荷,吸引大量带有相反电荷的离子聚集在污泥内部,使污泥内外形成渗透压[96],也会增大污泥的黏度。其抗剪切能力较强,但是污泥经过热处理之后,表面的部分 EPS 和污泥溶胞将释放大量多聚物进入液相。当施加外部电场时,电流会产生大量的焦耳热,同时污泥颗粒发生布朗运动及摩擦产生热量[97],使污泥受到一定的热处理。另外,污泥经过电渗透脱水预处理后,污泥滤液中 COD(即化学需氧量)较高,说明经过电渗透脱水处理后污泥表面的 EPS 含量略有降低。由图 4 - 2 可知,经电渗透脱水处理的污泥的平均剪切应力值为 951 Pa,而未经电渗透脱水处理的污泥的平均剪切应力值为 1 101 Pa,在实验范围内经电渗透脱水处理的污泥的剪切应力值大部分小于未经电渗透脱水处理的污泥的剪切应力值。

4.2.1.5　小结

(1)无论是经电渗透脱水处理的污泥还是未经电渗透脱水处理的污泥,在本实验 20% ~40% 的含固率范围内,剪切应力值均较大,即均表现出了一定程度的黏附性,而且剪切应力值均随含固率增大呈现先增大后减小的趋势。

（2）在本实验范围内,经电渗透脱水处理的污泥的剪切应力值大部分小于未经电渗透脱水处理的污泥的剪切应力值;污泥经过电渗透脱水处理后黏附性略有降低。

4.2.2　污泥干燥特性曲线分析

污泥干燥特性曲线,即污泥干燥过程中水分的蒸发速度随时间或含水率变化的关系曲线,是被干燥污泥介质内传质过程的宏观表现。分析该曲线是研究污泥的干燥特性与传质规律的重要步骤。

4.2.2.1　实验材料与装置

实验中电渗透脱水污泥的初始含水率为 62.71%、67.68%、68.37%、68.55%、68.64%、68.95%、69.19%、70.93%、71.09%、72.90%、74.72% 。

实验中未经电渗透脱水的污泥的初始含水率为 66.63% 、66.73% 、66.84% 、67.31%、67.36%、72.55%、82.60% 。

实验装置包括 DH101 电热恒温鼓风干燥箱、DH1716A – 10 型直流稳压稳流程控电源、百分之一天平。

4.2.2.2　实验方法

将干燥箱升温到测定温度（40 ℃、60 ℃、80 ℃、100 ℃、105 ℃、120 ℃）,将污泥试样（污泥制成圆饼状或呈分散状）放入电热鼓风干燥箱内进行干燥,每隔一定时间（10 min 或者 15 min）取出,称重,立刻放回,直到恒重。

4.2.2.3　数据处理

污泥的湿基含水率和质量干燥速率的计算如下:

$$X_n = \frac{G_n - G_N}{G_n} \times 100\% \qquad\qquad (4-3)$$

$$V_n = \frac{G_{n+1} - G_n}{\Delta t G_n} \qquad\qquad (4-4)$$

式中:G_n 为干燥过程中任意时刻污泥的质量,g;G_N 为干燥平衡时污泥的质量,g;Δt 为时间间隔,min;X_n 为污泥的湿基含水率,% ;V_n 为污泥的质量干燥速率,g/(g · min)。

4.2.2.4　实验结果及分析

1）电渗透脱水污泥的干燥曲线分析

如图 4 – 3 和图 4 – 4 所示,曲线 A_1 及 a_1 分别是经电渗透脱水技术处理后含水率为 62.71% 的污泥的干燥速率随含水率的变化曲线及含水率随干燥时间的变化曲线;曲线 A_2 及 a_2 分别是初始含水率为 67.68% 的电渗透脱水污泥的干燥速率随含水率的变化曲线及含水率随干燥时间的变化曲线;曲线 A_3 及 a_3 分别是初始含水率为 70.93% 的电渗透脱水污泥的干燥速率随含水率的变化曲线及含水率随干燥时间的变化曲线;曲线 A_4 及 a_4 分别是初始含水率为 72.90% 的电渗透脱水污泥的干燥速率随含水率的变化曲线及含水率随干燥时间的变化曲线;曲线 A_5 及 a_5 分别是初始含水率为 74.72% 的电渗透脱水污泥的干燥速率随含水率的变化曲线及含水率随干燥时间的变化曲线。

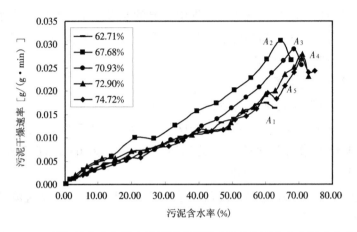

图 4 - 3　不同初始含水率的电渗透脱水污泥干燥速率随含水率的变化曲线

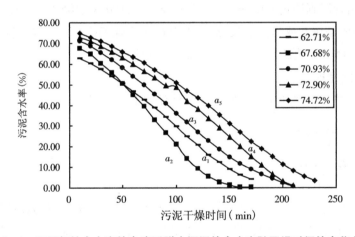

图 4 - 4　不同初始含水率的电渗透脱水污泥的含水率随干燥时间的变化曲线

干燥曲线 A_1、A_2、A_3、A_4、A_5 均符合典型的污泥干燥速率与含水率的关系曲线[98]。电渗透脱水污泥的干燥曲线在升温区、黏稠区、黏滞区及颗粒区均有一定的表现。在污泥干燥的初期,即污泥刚进入升温区时,污泥被加热升温,由于污泥的初始含水率较高,自由水分较为丰富,而且较容易蒸发,所以此过程是污泥干燥的加速阶段。电渗透脱水污泥经过升温阶段(预热阶段)后,干燥速率达到最大值,干燥曲线 A_1、A_2、A_3、A_4、A_5 的干燥速率最大值分别为 0.017 g/(g·min)、0.031 g/(g·min)、0.029 g/(g·min)、0.028 g/(g·min)、0.027 g/(g·min)。污泥最大干燥速率因初始含水率不同而不同。在预热阶段经过加热后,电渗透脱水泥饼的温度较为恒定,而且泥饼表面能够维持湿润状态,此时污泥内部的水分就由污泥内部向泥饼表面迁移,再从表面汽化到空气中,电渗透脱水污泥进入恒速干燥阶段。由于水分由污泥内部迁移到泥饼表面的速率大于或者等于水分汽化的速率,所以泥饼的表面保持完全湿润。在这一阶段,电渗透脱水污泥吸收的热量能够全部用来蒸发污泥中的水分,而且蒸发的水分大部分是自由水。由于实验操作过程中时间间隔较长,所以电渗透脱水污泥进入恒速干燥阶段的变化不太明显,但是确实存在恒速干燥阶段(在后面进行电渗透脱水污泥阴阳面干燥曲线对比时可以看出干燥的恒速阶段)。随着污泥含水率的降低以及干燥过程的进行,电渗透脱水污泥的干燥速率减小,开始进入降速干燥阶段。由于热量由外向内传递,而水分由内向外传递,温度梯度和湿度梯度方向相反制约了热量和水分的传递。在污泥干燥的降速阶段,传入污泥内部的热量小于污泥水分蒸发所需的热量,泥饼内部的水分迁移到表面的速率开始小于泥饼表面的水分的汽化速率,泥饼的表面就不能保持完全湿润,从而会出现部分"干区"。水分的汽化面就开始逐渐向电渗透脱水污泥的内部迁移。传热是空气穿过干区到达汽化表面;而传质则相反,汽化的水分从湿面经过干区到达空气。污泥的传热、传质阻力增大,干燥速率也就随之减小,直到干燥过程终止。

　　另外,电渗透脱水技术作用于污泥的自由水和间隙水,污泥经电渗透脱水技术预处理后,含水率越低,被脱出的自由水分及间隙水分就越多。所以由图 4 - 3 及图 4 - 4 可以看到,初始含水率不同的电渗透脱水污泥干燥所需的时间不同,干燥速率达到最大值所需要的时间也不同。由于电渗透脱水污泥的初始含水率不同,泥饼中的自由水分及间隙水分含量也不同,所以在曲线 A_1、A_2、A_3、A_4、A_5 的干燥初期,各曲线的干燥速率随污泥含水率的变化相差较大,但是随着污泥中自由水的蒸发,污泥中的结合水成了干燥的重点水分,在相同或者相近的含水率下,各干燥曲线的干燥速率较为接近。

　　2)电渗透脱水污泥与原始污泥的干燥曲线对比分析

　　图 4 - 5 为电渗透脱水污泥与原始污泥的干燥曲线。其中,a 曲线是初始含水率为 67. 68% 的电渗透脱水污泥的干燥速率随含水率的变化曲线;b 曲线是初始含水率为 71. 09% 的电渗透脱水污泥的干燥速率随含水率的变化曲线;c 曲线是含水率为 82. 60% 的原始污泥的干燥速率随含水率的变化曲线。由图可见,在污泥的预热阶段,污泥固体的温度升高,干燥速率增大,直到污泥温度恒定,干燥速率达到最大值,然后污泥进入短暂的恒速干燥阶段,在此期间泥饼的温度较为稳定而且干燥速率保持在最大值。随着污泥干燥的进行,污泥进入降速干燥阶段,直到泥饼干燥完成[99]。

　　当污泥含水率相近或者相同时,干燥曲线 a、b 的降速干燥阶段较为平缓,第一降速阶段和第二降速阶段的转折点不是很明显。干燥曲线 c 在第一降速阶段和第二降

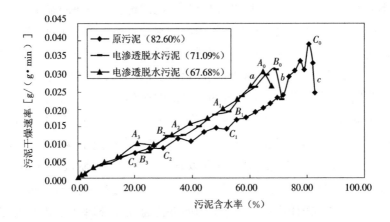

图4-5　电渗透脱水污泥与原始污泥干燥曲线

速阶段出现了明显的转折点,这说明污泥经过电渗透脱水处理后,泥饼中水分的结合方式发生了改变。由表4-3可知,干燥曲线 a、b 对应的干燥速率较干燥曲线 c 对应的干燥速率大,而且 a、b 干燥到所需含水率的时间较短。考虑到污泥经过干化处理后的处置方案,一般需要将污泥含水率降到20% ~30%。在本次实验中,当污泥的含水率降低到30%左右时,原始污泥所用的干燥时间为190 min,而初始含水率为71.09% 的电渗透脱水污泥所需的干燥时间为90 min,初始含水率为67.68% 的电渗透脱水污泥所需的干燥时间为70 min。那么初始含水率为67.68% 和71.09% 的电渗透脱水污泥采用热干化方式将含水率降到所需含水率所用的时间较原始污泥分别缩短了52.6% 和63.2%。

表4-3　图4-5中曲线各对应点的值

对应点	A_0	B_0	C_0	A_1	B_1	C_1
含水率(%)	64.64	65.67	64.52	50.57	52.57	51.82
干燥速率[g/(g·min)]	0.031	0.030	0.020	0.020	0.019	0.014
干燥到此含水率所需的时间(min)	10	20	100	50	50	140
对应点	A_2	B_2	C_2	A_3	B_3	C_3
含水率(%)	32.91	31.24	29.98	21.03	20.44	20.15
干燥速率[g/(g·min)]	0.013	0.012	0.009	0.010	0.007	0.007
干燥到此含水率所需的时间(min)	70	90	190	90	110	210

污泥先经过电渗透脱水处理再进行热干化处理,所需的干燥时间会大大缩短,这样可以大大降低污泥干燥的运行费用。所以先将污泥电渗透脱水处理到某一含水

率,再进行干燥处理,这种电渗透脱水技术与热干化技术联合使用的方法具有一定的实际应用潜力。

3)电渗透脱水污泥与未经电渗透脱水的污泥的干燥曲线对比分析

图 4 – 6 中 e 曲线及 f 曲线均为污泥干燥速率随含水率的变化曲线,其中 f 曲线所用污泥是初始含水率为 72.90% 的电渗透脱水污泥,e 曲线所用污泥是初始含水率为 72.55% 的未经电渗透脱水的污泥。在初始含水率相近的情况下,对电渗透脱水污泥与未经电渗透脱水的污泥进行干燥处理,由图可以看出,e、f 两条曲线的干燥速率均随含水率降低而减小。初始时,污泥含水率较高,自由水分含量也较高;进入预热阶段后,污泥干燥速率逐渐增大,直到达到最大值 0.028 g/(g·min),而未经电渗透脱水的污泥的干燥速率仅为 0.023 g/(g·min);然后立刻进入降速干燥阶段。

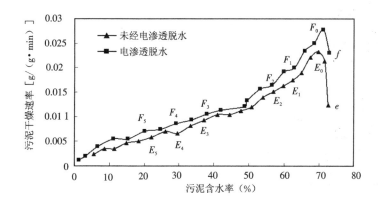

图 4 – 6　电渗透脱水污泥与未经电渗透脱水的污泥的干燥曲线

由表 4 – 4 可知,干燥曲线 f 对应的干燥速率较干燥曲线 e 对应的干燥速率大,即在污泥干燥的预热阶段及恒速阶段,电渗透脱水污泥的干燥速率均大于未经电渗透脱水的污泥的干燥速率,但是随着干燥的进行,电渗透脱水污泥的干燥速率与未经电渗透脱水的污泥的干燥速率之间的差距逐渐减小。这是因为在污泥干燥的预热阶段以蒸发自由水分为主,再加上电渗透脱水技术主要作用于污泥中的毛细管水和自由水[100],当施加外加电场时,污泥固体颗粒表面吸附的阳离子向阴极移动,携带水分向阴极移动,水分在滤饼中呈梯度分布,导致污泥的水分结合方式发生改变[101 – 102],产生了阳极表面比较干燥、阴极表面含水较为丰富的现象,所以电渗透脱水污泥在干燥的过程中水分更易于蒸发,干燥速率最大值较大。在污泥干燥的减速阶段,污泥干燥的水分以吸附水及结合水为主,所以两种污泥的干燥速率差距逐渐减小。但是在整个干燥过程中,当污泥含水率降低到相同值时,前者的干燥速率总是大于后者。当污泥含水率降低到 30% 左右时,电渗透脱水污泥用了 130 min,而未经电渗透脱水的污泥需要 150 min。当干燥到所需的含水率时,前者的干燥时间较后者的干燥时间短。虽然电渗透脱水污泥与未经电渗透脱水(自然风干技术作为本书中的未经电渗透脱水的处理技术)的污泥的干燥时间相差不是特别大,但是在实验室条件下,将原始污泥的含水率通过自然风干的方式降低到与电渗透脱水污泥含水率相同的水平,前者需要 2 ~ 3 d,而后者至多需要 3 min。在实际应用中,自然干化不仅需要较大面积的场地,而且干化效率较低,时间较长。因此先对污泥进行电渗透脱水处理,再进行热干化,这种工艺方式有利于缩短污泥干燥运行时间,相应地可降低干燥运行费用。

表 4 - 4　图 4 - 6 中曲线各对应点的值

对应点	F_0	E_0	F_1	E_1	F_2	E_2
含水率(%)	71.09	69.75	62.88	62.44	56.56	57.00
干燥速率[g/(g·min)]	0.028	0.023	0.020	0.017	0.016	0.015
干燥到此含水率所需的时间(min)	10	20	40	50	60	70
对应点	F_3	E_3	F_4	E_4	F_5	E_5
含水率(%)	37.96	37.23	29.17	29.51	20.06	22.05
干燥速率[g/(g·min)]	0.010 0	0.009 3	0.008 6	0.006 5	0.007 0	0.005 8
干燥到此含水率所需的时间(min)	110	130	130	150	150	170

4)电渗透脱水污泥阴阳面的干燥曲线对比分析

图 4 - 7 为污泥干燥速率随干燥时间的变化曲线,其中 g 曲线为电渗透脱水污泥泥饼阳面朝上进行干燥的曲线,而 h 曲线为电渗透脱水污泥泥饼阴面朝上进行干燥的曲线。在干燥的预热阶段及恒速阶段,电渗透脱水污泥阳面朝上进行干燥的干燥速率小于电渗透脱水污泥阴面朝上进行干燥的干燥速率。但是当污泥进入降速干燥阶段时,电渗透脱水污泥阳面朝上进行干燥的干燥速率与电渗透脱水污泥阴面朝上进行干燥的干燥速率差距减小。导致这种现象的主要因素是外加的电场。污泥进行电渗透脱水处理时,泥饼中的水分从阳极向阴极迁移,同时污泥絮体在阳极聚集。由于水分的流失,阳极出现不饱和的现象,再加上生物聚合体的不饱和导致阳极出现大的毛孔[103]。但是这种现象不会在电渗透脱水污泥的阴极出现,相反泥饼的阴极表面会汇聚大量的水分。所以在干燥的前 30 min,电渗透脱水污泥阳面朝上与阴面朝上的干燥速率相差较大,但是电渗透脱水作用只作用于污泥中的自由水分及间隙水分[104],另外,随着干燥的进行,污泥进入降速干燥阶段,传热、传质阻力会阻碍污泥中结合水分的蒸发,因此在干燥进行 30 min 以后,电渗透脱水污泥阳面朝上与阴面

朝上的干燥速率差距减小^[25]。

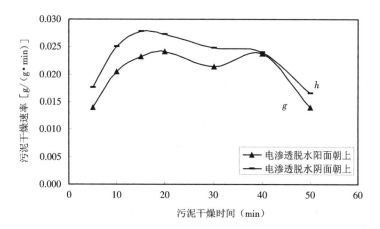

图 4 - 7　电渗透脱水污泥阴阳极面的干燥特性曲线

　　较高的运行费用是制约污泥干燥技术实际应用的关键因素,因此降低污泥干燥费用是该行业的出发点和努力的方向。通过研究发现,电渗透脱水污泥具有阴面水分较为丰富的特点,有利于污泥中水分的蒸发以及干燥速率的增大。带式干燥机能够实现电渗透脱水污泥阴面朝上进行干燥,可以充分利用阴面富集水分的优势增大干燥速率和缩短干燥时间,从而降低污泥干燥过程的运行费用。

　　5)低温下污泥干燥曲线对比分析

　　(1)未经电渗透脱水的污泥的干燥曲线分析。

　　污泥热干化是一个极为复杂的热量传递和质量传递过程。介质的温度变化是影响干燥过程中热质传递的重要因素^[105]。图 4 - 8 及图 4 - 9 为在不同温度下,未经电渗透脱水的污泥的含水率随干燥时间的变化曲线以及未经电渗透脱水的污泥的干燥速率随含水率的变化曲线。实验温度为 40 ℃、60 ℃、80 ℃、100 ℃、120 ℃,未经电渗透脱水的污泥对应的初始含水率为 66.63%、66.84%、67.31%、67.36%、66.73%。在初始含水率相近的情况下,对应于 40 ℃、60 ℃、80 ℃、100 ℃、120 ℃等各温度,污泥干燥曲线的最大干燥速率分别为 0.006 g/(g·min)、0.010 g/(g·min)、0.014 g/(g·min)、0.019 g/(g·min)、0.023 g/(g·min)。由数据可知,温度越高,干燥速率越大,最大干燥速率也越大,干燥到所需含水率时的干燥时间就越短。这是因为温度越高,干燥过程中的传热推动力越大,越有利于外表面水分的蒸发和内部水分向表面的迁移^[106]。

　　由图 4 - 8 可知,在干燥温度为 40 ℃和 60 ℃时,污泥含水率随干燥时间的变化曲线接近直线,曲线的斜率接近定值,干燥过程几乎呈等速干燥状态。随着温度升高,当干燥温度为 100 ℃和 120 ℃时,干燥曲线的斜率变化较为明显,污泥的干燥速率先经过加速干燥阶段达到最大值,经过恒速干燥阶段进入降速干燥阶段,直到污泥

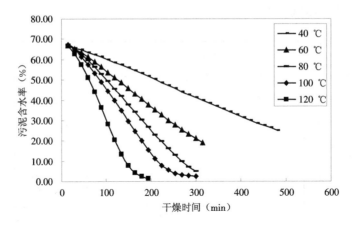

图4-8　未经电渗透脱水的污泥的含水率随干燥时间的变化曲线

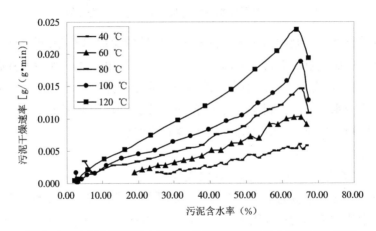

图4-9　未经电渗透脱水的污泥的干燥速率随含水率的变化曲线

的干燥完成。而当干燥温度为80 ℃时,污泥干燥曲线的斜率不为定值,但是变化不是很明显,处于温度为60 ℃及100 ℃的干燥曲线的斜率之间。

　　(2)低温下电渗透脱水污泥干燥曲线分析。

　　图4-10及图4-11为在不同温度下电渗透脱水污泥含水率随干燥时间的变化曲线及电渗透脱水污泥干燥速率随含水率的变化曲线。当实验温度为40 ℃、60 ℃、80 ℃、100 ℃、120 ℃时,电渗透脱水污泥对应的初始含水率分别为68.37%、68.55%、68.95%、68.89%、69.19%。电渗透脱水污泥在初始含水率相近的条件下进行干燥,对应于40 ℃、60 ℃、80 ℃、100 ℃、120 ℃等各温度,电渗透脱水污泥达到的最大干燥速率分别为0.007 g/(g·min)、0.010 g/(g·min)、0.016 g/(g·min)、0.021 g/(g·min)、0.023 g/(g·min)。在初始含水率相近的情况下,温度越高,电渗透脱水污泥的干燥速率越大。这是因为温度越高,干燥过程的传热推动力就越大,

越有利于外表面水分的蒸发和内部水分向表面的迁移。

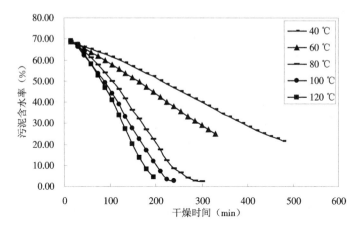

图 4 - 10　电渗透脱水污泥含水率随干燥时间的变化曲线

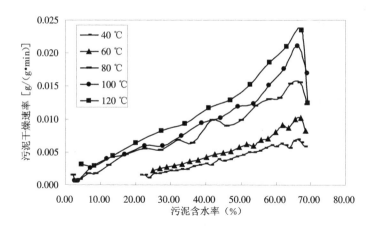

图 4 - 11　电渗透脱水污泥干燥速率随含水率的变化曲线

由图 4 - 10 可看出,在不同的干燥温度下,电渗透脱水污泥含水率均随着干燥时间的增加而降低。在初始含水率相近的情况下,分别在温度为 40 ℃、60 ℃、80 ℃、100 ℃、120 ℃的条件下进行干燥,实验污泥均被干燥到含水率在 27% 左右时,所需时间分别为 420 min、315 min、180 min、150 min 和 135 min。在电渗透脱水污泥的干燥曲线中,当温度由 60 ℃升至 80 ℃时,干燥曲线的干燥速率和干燥时间变化最为明显,最大干燥速率值由 0.010 g/(g·min)增大到 0.015 g/(g·min),增大了 50%,而干燥时间由 315 min 缩短到了 180 min,节省了 43% 的时间。

由图 4 - 11 可知,在污泥初始含水率相同或者相近的情况下,各温度下的电渗透脱水污泥干燥曲线的干燥速率均随着污泥含水率的降低而呈现出先增大再减小的趋势。但是在干燥温度为 40 ℃、60 ℃时,电渗透脱水污泥干燥曲线的干燥速率随含水率的降低几乎不发生变化,在整个干燥过程中,电渗透脱水污泥基本处于等速干燥状态;而在温度为80 ℃、100 ℃、120 ℃时,电渗透脱水污泥干燥曲线的干燥速率均在经过预热加速阶段达到最大值后,经历了较为短暂的恒速干燥阶段,然后就进入了降速干燥阶段。当温度为100 ℃、120 ℃时,干燥曲线的干燥速率变化较为明显。这是因为在低温条件下污泥所吸收的热量能够全部用于液态水分的蒸发,污泥内部的水分也有足够的时间由内向外迁移,而且一直保持这种平衡,在这种情况下就很容易达到恒速干燥阶段。但是随着温度的升高,液态水分的蒸发速度变快,污泥中的"干区"较快形成,污泥所吸收的热量就不能全部用于水分的蒸发,破坏了平衡状态,所以随着温度的升高,污泥的干燥速率变化较大。而且干燥温度越高,干燥速率减小的幅度就越大。这是因为温度越高,动力差就越大,越有利于水分的蒸发,由于初始蒸发的自由水分量较大,干燥速率较大,随着干燥的进行,污泥表面不能再维持全部湿润而出现"干区",内部的热、质传递途径加长,阻力加大,造成干燥速率减小,温度越高,干区就形成得越快,干燥速率减小的幅度就越大。

(3)电渗透脱水污泥与未经电渗透脱水的污泥的干燥曲线对比分析。

在图4-12、图4-13中,M_0、M_1曲线均为电渗透脱水污泥的干燥速率随含水率的变化曲线,而N_0、N_1曲线均为未经电渗透脱水的污泥的干燥速率随含水率的变化曲线。

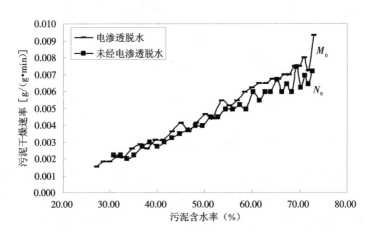

图4-12　40 ℃下污泥干燥速率随含水率的变化曲线

当温度为40 ℃、60 ℃时,电渗透脱水污泥与未经电渗透脱水的污泥的干燥速率相差不大,这是因为在温度较低的情况下,污泥的干燥强度较弱,泥饼内部的水分有足够的时间进行传递,干燥过程中污泥内部的水分和表面的水分浓度差很小,所以电渗透脱水处理对污泥的干燥速率影响很小。因此,电渗透脱水污泥不适合在较低的温度下进行干燥处理。

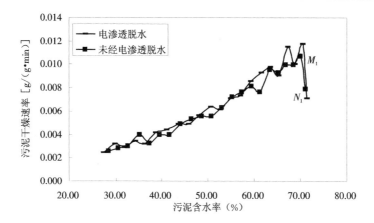

图 4 - 13　60 ℃下污泥干燥速率随含水率的变化曲线

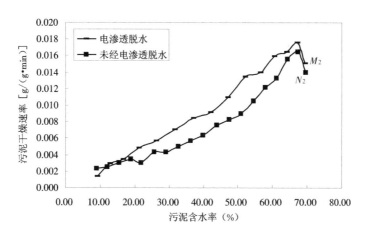

图 4 - 14　80 ℃下污泥干燥速率随含水率的变化曲线

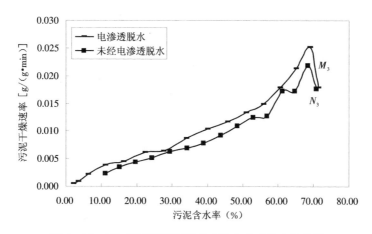

图 4 - 15　100 ℃下污泥干燥速率随含水率的变化曲线

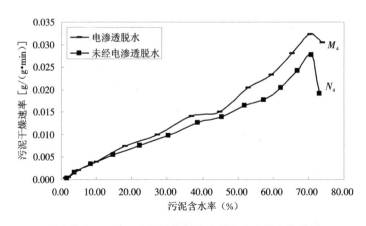

图 4 – 16　120 ℃下污泥干燥速率随含水率的变化曲线

在图 4 – 14 ~ 图 4 – 16 中，M_2、M_3、M_4 曲线均为电渗透脱水污泥的干燥速率随含水率的变化曲线，而 N_2、N_3、N_4 曲线均为未经电渗透脱水的污泥的干燥速率随含水率的变化曲线。

从图中可看出，随着温度的升高，传热推动力（温差）增大，污泥的干燥速度加快，当温度升高到 80 ℃、100 ℃、120 ℃时，污泥内部水分的传递速率小于表面水分的干燥速率，污泥颗粒表面会形成一层硬壳，阻碍内部水分的蒸发，极大地影响干燥速度。污泥经电渗透脱水处理后，受到外加电场的作用，污泥内部的水分结构发生改变，呈现出电渗透脱水污泥阴极含水较为丰富的特点，有利于水分的蒸发和干燥速率的增大，所以经电渗透脱水的污泥的干燥速率较未经电渗透脱水的污泥的干燥速率大。

如要充分发挥电渗透脱水污泥的优势，不宜在较低温条件下进行热干化处理。在 80 ℃以上时，虽然电渗透脱水污泥的干燥速率较未经电渗透脱水的污泥的干燥速率增大幅度不是特别明显，但是在本实验中，电渗透脱水污泥与未经电渗透脱水的污泥达到相同或者相近的含水率，前者至多需要 3 min，而后者需要 2 ~ 3 d，甚至更长的时间。因此，选择 80 ℃以上的温度进行电渗透脱水污泥热干化处理具有一定的应用潜力。

4.2.2.5　小结

（1）不同初始含水率的电渗透脱水污泥干燥曲线均符合典型的污泥干燥速率与含水率的关系曲线。

（2）在污泥干燥的预热阶段及恒速阶段，电渗透脱水污泥的干燥速率均大于未经电渗透脱水的污泥的干燥速率，但是随着干燥的进行，电渗透脱水污泥的干燥速率与未经电渗透脱水的污泥的干燥速率之间的差距逐渐减小。在整个干燥过程中，当污泥含水率降低到相同值时，电渗透脱水污泥的干燥速率总是大于未经电渗透脱水的污泥的干燥速率。

（3）在干燥的预热阶段及恒速阶段,电渗透脱水污泥阳面朝上进行干燥的干燥速率小于电渗透脱水污泥阴面朝上的干燥的干燥速率。但是当污泥进入降速干燥阶段时,电渗透脱水污泥阳面朝上进行干燥的干燥速率与电渗透脱水污泥阴面朝上进行干燥的干燥速率差距减小。

（4）带式干燥机能够实现电渗透脱水污泥阴面朝上进行干燥,可以充分利用阴面富集水分的优势增大干燥速率。

（5）无论是电渗透脱水污泥还是未经电渗透脱水的污泥的干燥速率均随着干燥温度的升高而增大。当温度为 40 ℃和 60 ℃时,污泥含水率随干燥时间的变化曲线接近直线,曲线的斜率接近定值,即污泥在整个干燥过程中基本进行等速干燥;当温度升高到 80 ℃以上时,污泥干燥曲线的斜率变化较为明显,污泥经过加速干燥阶段后进入短暂的恒速干燥阶段,然后进入降速干燥阶段直到干燥完成。

（6）当温度为 40 ℃、60 ℃时,污泥的干燥速率与经电渗透脱水处理或者不经过电渗透脱水处理无关;而当温度升高到 80 ℃、100 ℃、120 ℃时,经电渗透脱水的污泥的干燥速率较未经电渗透脱水的污泥的干燥速率大得多。

（7）先将污泥电渗透脱水处理到某一含水率,再进行热干燥处理,有利于热干燥速率的增大和热干燥时间的缩短,可以降低污泥热干燥的运行费用和能耗,这种电渗透脱水技术与热干化技术联合使用的方法具有一定的应用潜力。

4.3　电脱水对污泥中重金属的淋洗作用

污泥中含有重金属等有毒有害物质,如果处理与处置不当,势必会对环境造成二次污染。此外,污泥中还含有丰富的氮、磷、钾及有机质等植物生长所必需的营养元素,如不能合理利用,会造成资源浪费,所以污泥资源化利用才是污泥处置的长远之道。广大学者普遍认为将污泥作为肥料用于园林绿化或农田是一种行之有效的方式,具有广阔的发展前景[107]。

污泥土地利用需要解决的两大问题是高含水率和重金属分离。目前学者们在降低含水率和去除重金属两方面都有深入的研究,但并没有将二者结合起来的研究,即没有能同时实现脱水和重金属分离的方法。

电动学技术是近几十年来发展起来的绿色、高效的污染物治理方法,学者们在污泥脱水和重金属去除方面均有一定的研究,例如赵娟[61]的研究表明电脱水有一定的重金属去除效果。因此本实验拟将电脱水和重金属去除相结合,实现污泥的减量化、无害化,为污泥资源化利用提供条件。电动学技术对酸化后的污泥有较好的重金属去除效果,因此本实验选取柠檬酸这种价格便宜、生物易降解的有机酸对污泥进行酸化,并通过间断供电的方式强化电脱水过程的重金属去除效果。

4.3.1　实验材料与方法

4.3.1.1　实验装置

　　实验装置如图 4 - 17 所示。装置主体由直流电源、空气压缩机、气缸、阳极、污泥槽、阴极、集液杯组成。本实验所需的电场由直流电源提供,可实现连续供电,或通过控制开启、关闭的时间实现间断供电。阳极材料为石墨,石墨导电能力强,且可有效避免通电脱水过程中的阳极腐蚀问题;阴极为 100 目不锈钢网。所需压力由空气压缩机提供。具体操作如下:将阳极、阴极分别与直流电源的正、负极相连;称取适量污泥,装入污泥槽,打开空气压缩机调整压力,推动阳极进入污泥槽接触污泥,对污泥预压 1 ~ 2 min;预压完毕后,打开电源,对装置进行供电,污泥中的水分由于电场作用向阴极移动,并从阴极网流入集液杯,收集脱水液以避免污染环境和用于后续分析;实验结束后,关闭电源,调节空气压缩机使阳极与污泥分离,仔细收集处理后的污泥,测量重金属含量并进行形态分析;清洗装置进行下一批实验。

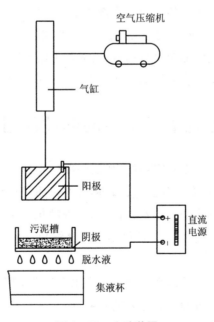

图 4 - 17　实验装置

4.3.1.2　实验材料

　　本实验所用污泥取自天津市咸阳路污水处理厂。该厂是天津市继纪庄子污水处理厂、东郊污水处理厂之后建成的第三座大型污水处理厂,已建成规模为 45 万 m^3/d,最大处理能力为 58.5 万 m^3/d。该厂采用 A/O 厌氧除磷工艺,尾水辅以化学除磷,污泥采用厌氧中温消化、机械脱水等处理工艺[108]。污泥的基本性质如表 4-5 所示。

表 4-5　污泥的基本性质

含水率(%)	pH 值	灰分含量(%)	密度(kg/m³)	颜色
80~82	7.2	50~54	1.02	灰黑色

4.3.1.3　主要实验仪器

1)直流稳压电源

本实验所用的直流稳压电源由北京大华无线电仪器厂生产,型号为 DH1716A-10。其电压使用范围为 0~60 V,电流使用范围为 0~20 A;具有低波纹、低噪声、高稳定度、高可靠性等特点;单路稳压稳流输出,可串联或并联使用;电压、电流量程自动进位,可存储设定的电压、电流和过压保护值。考虑本实验的可操作性,采取恒压方式进行污泥电脱水。

2)微波消解仪

本实验所用的微波消解仪由上海屹尧仪器科技发展有限公司生产,型号为 WX-8000。该仪器是具有温度、压力、时间、功率四个参数的显示和控制功能的微波加热设备,用来对密闭罐内的样品和溶剂进行加热,在短时间内升温、升压至所需值,并保持一段时间,直到完全反应。该消解仪是一种专业的工业级微波炉,不同于普通的微波炉,它采用全钢结构,微波谐振腔达 53 L,炉内可同时放置 10 个容积为 100 mL 的超高压消解罐。消解罐由 5 层杜邦改性聚四氟乙烯制成,可以防止强酸的腐蚀,便于清洁、维护。

3)原子吸收分光光度计

本实验的重金属元素测定方法为原子吸收分光光度法。所用仪器由北京瑞利分析仪器公司生产,型号为 WFX-130B。该原子吸收分光光度计由光源系统、光学系统、原子化系统、检测与数据处理系统、背景校正系统组成;具有先进的自动化操作、完善的安全保护以及先进的电路设计;能实现四灯座自动转换,自动调节供电与优化光束位置,自动扫描波长及寻峰,自动切换光谱带宽,自动点火;可自动拟合曲线,自动校正灵敏度,自动计算浓度和含量,自动计算平均值、标准偏差、相对标准偏差;能够顺序进行同一样品的多元素测定。

4)其他仪器

本实验所用的其他仪器有:电热鼓风干燥箱,型号为 DH-101,由天津中环实验电炉有限公司生产;电子天平,型号为 JJ1000,由美国双杰测试仪器厂生产。

4.3.1.4　测定方法

1. 污泥中重金属总量测定

本实验用微波高压消解－原子吸收分光光度法测定污泥中重金属 Cu、Ni、Cr、Cd、Zn、Pb 的含量。

1）所用试剂

本实验所用试剂均为符合国家标准的分析纯试剂和去离子水。

浓硝酸（HNO_3）：浓度为 1.42 g/mL，优级纯。

硝酸溶液（1＋1）：量取 100 mL 硝酸，溶于 100 mL 去离子水中，混匀。

硝酸溶液（1＋99）：量取 1 mL 硝酸，溶于 99 mL 去离子水中，混匀。

硝酸溶液（1＋499）：量取 2 mL 硝酸，溶于 998 mL 去离子水中，混匀。

过氧化氢溶液：质量分数为 30%。

浓盐酸（HCl）：浓度为 1.19 g/mL。

王水：100 mL 浓硝酸＋100 mL 浓盐酸。

乙炔（C_2H_2）：纯度为 99.9%。

2）样品预处理

将采集的污泥样品平铺于蒸发皿上，用玻璃棒将污泥压散，去除其中的杂物，置于阴凉通风处自然风干，用四分法缩分获得所需质量的干污泥样品，用玛瑙研钵研磨后全部过 100 目尼龙筛，装入塑封袋中备用。

3）微波高压消解

称取 0.200 g 左右研磨的污泥样品，记录准确的污泥质量，缓慢地将样品从边缘倒入消解罐中，污泥称量装罐完毕后转移到通风橱中，向消解罐中加入少许去离子水润湿样品，沿着罐壁加入 1.5 mL 过氧化氢溶液，摇匀，待反应平稳后加入 10 mL 王水，混合均匀。将内盖扩口后盖紧，加防爆膜后拧紧密封嘴，套上外罐固定好后放入微波消解仪中用一定功率消解。待反应完成、冷却后取出消解罐，用去离子水定容至 50 mL，保存待测。

空白试液的制备方法与以上步骤相同，只是以去离子水代替样品。

4）测定

将仪器调整到最佳工作条件，先测定标准试液作出标准工作曲线，然后测定空白试液和待测试液的吸光度。

5）计算

污泥中重金属的含量用 w 表示，单位为毫克每千克（mg/kg），计算式如下所示。

$$w = \frac{(c - c_0) \times V}{m} \qquad (4-5)$$

式中：c 表示在标准曲线上查得的待测试液的重金属含量，mg/L；c_0 表示在标准曲线上查得的空白试液的重金属含量,mg/L;V 表示试液定容的体积,L;m 表示称取的试样的质量,kg。

2. 污泥中重金属形态测定

本实验采用的形态分析方法是效益费用比(BCR)分析法,该方法已成功用于土壤、沉积物、城市污泥等样品中重金属形态的分析。BCR 分析法将污泥中的重金属形态分为酸溶态/可交换态、可还原态、可氧化态和残渣态,具体的提取操作步骤如下[109]。

1)酸溶态/可交换态

称取 0.5 g 过 100 目尼龙筛的干污泥样品,将样品小心地从边缘倒入 50 mL 的聚乙烯离心管中,加入 20 mL 浓度为 0.11 mol/L 的 HAc 溶液,盖紧离心管塞,于室温下振荡 16 h,完成后在 4 000 r/min 下离心 20 min,小心提取上清液,经 0.45 μm 的醋酸纤维滤膜过滤后定容至 25 mL,储存于聚乙烯离心管中冷藏保存待测。

2)可还原态

向上一级固相残渣中加入 20 mL、浓度为 0.1 mol/L 的 $NH_2OH \cdot HCl$ 溶液,于室温下振荡 16 h,完成后在 4 000 r/min 下离心 20 min,小心提取上清液,经 0.45 μm 的醋酸纤维滤膜过滤后定容至 25 mL,储存于聚乙烯离心管中冷藏保存待测。

3)可氧化态

向上一级固相残渣中加入 5 mL 质量分数为 30% 的 H_2O_2 溶液,于室温下反应 1 h,再向其中加入 5 mL 30% 的 H_2O_2 溶液置于 85 ℃水浴中 1 h,水浴蒸发至近干,然后加入 25 mL 1 mol/L 的 NH_4Ac 溶液,在室温下振荡 16 h,在 4 000 r/min 下离心 20 min,小心提取上清液,经 0.45 μm 的醋酸纤维膜过滤后定容至 25 mL,储存于聚乙烯离心管中冷藏保存待测。

4)残渣态

将上一步过滤得到的残渣风干,用微波高压消解的方法处理,定容至 25 mL,保存待测。

各形态的重金属含量均用原子吸收分光光度法测量。

4.3.1.5　实验方案

本实验的目的是强化电脱水过程中的重金属分离,具体而言,即在电脱水的基础上采取一定的强化手段提高重金属的去除效率,同时实现脱水和重金属去除。选用的强化手段为柠檬酸酸化和间断供电。电脱水时选用的电压梯度为 30 V/cm、40 V/cm、50 V/cm;柠檬酸浓度为 0.2 mol/L、0.4 mol/L、0.6 mol/L、0.8 mol/L;间断供电通过直流电源间歇式供电实现。

实验选取三种工况,分别研究电流变化、脱水效果、重金属去除率、重金属形态变化。每组实验重复两次。

工况一:对未酸化的污泥通电脱水,选用的电压梯度为 30 V/cm、40 V/cm、50 V/cm,污泥泥饼厚度为 1 cm,通电时间为 6 min,供电方式为连续供电。具体实验参数如表 4 - 6 所示。

表 4 - 6 工况一的具体操作条件

电压梯度(V/cm)	酸化浓度	供电方式
30	—	连续供电
40	—	连续供电
50	—	连续供电

注:—表示不使用柠檬酸酸化。

工况二:对污泥进行柠檬酸预酸化,选取的柠檬酸浓度为 0.2 mol/L、0.4 mol/L、0.6 mol/L、0.8 mol/L,每次准确量取 10 mL 柠檬酸均匀地洒入称量好的污泥中,并将污泥搅拌均匀,预酸化时间为 12 h,分别在 30 V/cm、40 V/cm、50 V/cm 的电压梯度下进行实验,污泥泥饼厚度为 1 cm,通电时间为 6 min,供电方式为连续供电。具体实验参数如表 4 - 7 所示。

工况三:对污泥进行柠檬酸预酸化,选取的酸化浓度、柠檬酸体积、酸化时间及电压梯度与工况二相同,供电方式为间断供电,即供电 1 min,断电 30 s,依此循环,总时间为 8.5 min ,其中实际供电时间与连续供电相同,为 6 min。具体实验参数如表 4 - 8 所示。

表 4 - 7 工况二的具体操作条件

电压梯度(V/cm)	酸化浓度(mol/L)	供电方式
30	0.2	连续供电
	0.4	
	0.6	
	0.8	
40	0.2	连续供电
	0.4	
	0.6	
	0.8	
50	0.2	连续供电
	0.4	
	0.6	
	0.8	

表 4 - 8　工况三的具体操作条件

电压梯度（V/cm）	酸化浓度（mol/L）	供电方式
30	0.2	间断供电
	0.4	
	0.6	
	0.8	
40	0.2	间断供电
	0.4	
	0.6	
	0.8	
50	0.2	间断供电
	0.4	
	0.6	
	0.8	

4.3.2　电脱水过程中电流变化及污泥脱水效果分析

城市污水处理厂中经机械脱水后的污泥含水率只能降低到 80% 左右，若要满足后续的处理与处置要求，需继续降低含水率。电渗透脱水技术作为一种新型、高效、环保的脱水技术得到了初步研究。在电渗透脱水过程中，电流是表征脱水速率的一个重要因素，电流的大小和下降速率可间接反映脱水效果。

本节详细分析未酸化连续供电、酸化后连续供电、酸化后间断供电这三种工况（具体操作条件已在前文中说明）下的电流变化和污泥脱水效果。

4.3.2.1　电流变化

1. 未酸化连续供电条件下的电流变化

在未酸化连续供电条件下（即不采取任何强化手段），电流随通电时间的变化情况如图 4 - 18 所示。由图可知，电压梯度越大，初始电流也越大。电压梯度为 50 V/cm 下的初始电流约等于电压梯度为 30 V/cm 下的初始电流的两倍。随着通电时间的延长，电流逐渐减小，在通电结束时，电流大小基本趋于一致，这表明在通电结束时，基本达到电脱水水分减少的极限，此时污泥电阻很大，继续通电无法进一步降低含水率。在电压梯度为 50 V/cm 时电流下降速率最大，40 V/cm 时次之，30 V/cm 时最小，这是因为电压梯度越大，电流越大，初期脱水速率越大，导致阳极的电阻迅速减小，从而造成电流下降速率过大。

综合图 4 - 18 中的信息可知，电压梯度越大，初始电流越大，电流下降速率越大。

这表明过大的电压梯度反而会使阳极的电阻迅速增大,造成电流下降速率过大,不利于水分的脱除。

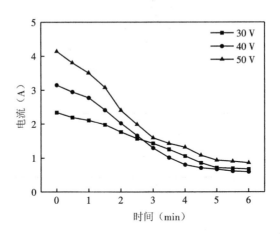

图4-18　未酸化连续供电条件下的电流变化

2. 酸化后连续供电条件下的电流变化

在酸化后连续供电的条件下,分别用浓度为 0.2 mol/L、0.4 mol/L、0.6 mol/L、0.8 mol/L 的柠檬酸酸化污泥,酸化后分别在 30 V/cm、40 V/cm、50 V/cm 的电压梯度下进行通电脱水实验。酸化后污泥的性质有所改变,通电后电流的变化情况较未酸化时有所不同。各个酸化浓度下的电流变化情况如图 4-19 所示。

由图 4-19 可知,在各个酸化浓度下,均是电压梯度越大,初始电流越大;酸化后的电流均较未酸化时有所提高,且酸化浓度越高,初始电流越大。这是因为酸化后污泥中的溶解态离子增多,污泥的电导率增大,更利于导电。

电流随着通电时间的延长逐渐减小,下降速率依然是电压梯度为 50 V/cm 时最大。比较各个浓度下的电流下降速率,发现电压梯度为 50 V/cm 时,随着浓度的升高,电流下降速率较大,在通电后期电流反而小于电压梯度为 40 V/cm 的电流。这是因为酸化会促使电流增大,而 50 V/cm 的电压梯度下的初始电流已经足够大,再增大电流反而会促使阳极快速干化,电阻急剧增大,不利于脱水的进行。综合图中的数据发现,电压梯度为 40 V/cm 时,电流较大,下降速率适中,最终电流较高,所以应综合考虑电压梯度和酸化浓度对电流的影响,在高酸化浓度下适宜的电压梯度为 40 V/cm,在低酸化浓度下适宜的电压梯度为 50 V/cm。

3. 酸化后间断供电条件下的电流变化

酸化后间断供电条件下的电压梯度和酸化浓度与工况二相同,供电方式采取间断供电,供电 1 min,断电 30 s,依此循环,总时间为 8.5 min,其中实际供电时间与连续供电相同,为 6 min。各个酸化浓度下的电流变化情况如图 4-20 所示。由图可知,在间断供电条件下,依然是电压梯度越大,初始电流越大。随着通电过程的进行,

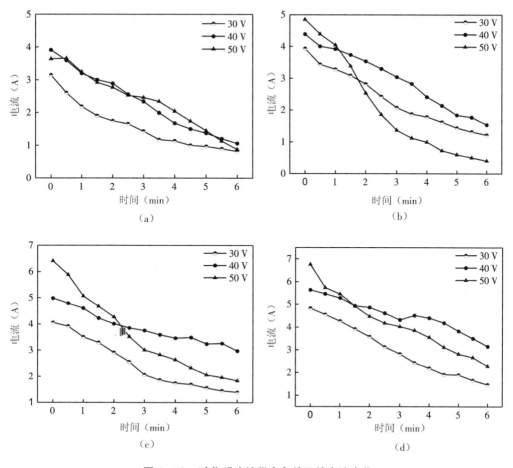

图 4 - 19 酸化后连续供电条件下的电流变化
(a)酸化浓度为 0.2 mol/L (b)酸化浓度为 0.4 mol/L
(c)酸化浓度为 0.6 mol/L (d)酸化浓度为 0.8 mol/L

高电压梯度下的电流下降速率过大,特别是在通电后期,电压梯度为 50 V/cm 下的电流小于其他两种电压梯度下的电流。酸化浓度越高,这种现象越明显。间断供电后重新供电,电流会出现跃升,这是因为在断电的时间段内污泥主体中的部分水分会从阴极附近回流或扩散到阳极附近,使得污泥整体的电阻减小。再次通电时,初始电流比断开前大,这样更有利于提高污泥的脱水效果。

综合图 4 - 20 中的信息可知,电压梯度越大,酸化浓度越高,初始电流越大。随着通电脱水过程的进行,在低酸化浓度(0.2 mol/L、0.4 mol/L)下,电压梯度为 50 V/cm 时电流最大,但在高酸化浓度(0.6 mol/L、0.8 mol/L)下,特别是在通电后期,电压梯度为 50 V/cm 时电流反而最小,表明在高电压梯度时酸化浓度不宜过高。所以过高的电压梯度和过高的酸化浓度不利于脱水。

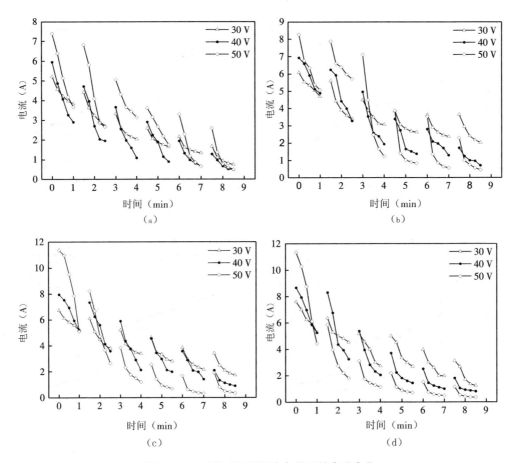

图 4 - 20　酸化后间断供电条件下的电流变化

(a)酸化浓度为 0.2 mol/L　(b)酸化浓度为 0.4 mol/L

(c)酸化浓度为 0.6 mol/L　(d)酸化浓度为 0.8 mol/L

4.3.2.2　污泥脱水效果分析

本节分析在三种工况下的电脱水效果。由于对污泥预酸化会导致三种工况的初始含水率不同,为了消除影响,便于比较,用脱水率进行分析。脱水率的计算式如下所示。

$$a = \frac{m_t}{m_0 w_0} \tag{4 - 6}$$

式中:m_t 表示至 t 时刻脱出的水分,g;m_0 表示污泥的初始质量,g;w_0 表示污泥的初始含水率。

1. 未酸化连续供电条件下的脱水率

未酸化连续供电条件下的脱水率如图 4 - 21 所示。由图可知,脱水率随着电压梯度增大而升高,这与电流的变化趋势一致。电压梯度为 30 V/cm 时,脱水率为

30.1%,最终含水率为 74.4%;电压梯度为 40 V/cm 时,脱水率为 43.5%,最终含水率为 68.3%;电压梯度为 50 V/cm 时,脱水率最高,为 52.2%,最终含水率为 62.6%。

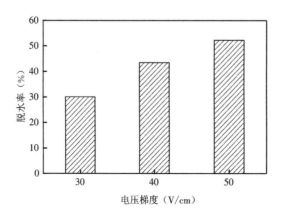

图 4 - 21　未酸化连续供电条件下的脱水率

2. 酸化后连续供电及酸化后间断供电条件下的脱水率

酸化后连续供电和间断供电条件下的脱水率如图 4 - 22 所示。由图可见,酸化后连续供电和间断供电条件下的脱水率均较未酸化时有所提高,这是由于加柠檬酸改变了污泥的电导率,使其更利于脱水。酸化后连续供电条件下的最高脱水率为 63.35%,最终含水率为 56.9%;酸化后间断供电条件下的最高脱水率为 68.90%,最终含水率为 49.2%。间断供电的脱水率高于连续供电,因为在间断供电后重新供电时电流会跃升,说明阳极侧污泥因干化而发生的电阻增大现象得到周期性缓解,脱水效果进而得到提升。

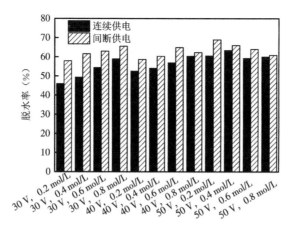

图 4 - 22　酸化后连续供电和间断供电条件下的脱水率

　　在连续供电条件下,电压梯度为 30 V/cm 和 40 V/cm 时,脱水率随着酸化浓度的升高而升高;电压梯度为 50 V/cm 时,脱水率随着酸化浓度的升高先上升后下降,在酸化浓度为 0.4 mol/L 的条件下脱水率最高。在间断供电条件下,电压梯度为 30 V/cm 时,同样是酸化浓度越大,脱水率越高;电压梯度为 40 V/cm 时,脱水率随着酸化浓度的升高呈先上升后下降的趋势;电压梯度为 50 V/cm 时,脱水率随着酸化浓度的升高而降低。这是因为在 30 V/cm 和 40 V/cm 的电压梯度下,通电时的初始电流不大,加入柠檬酸后增大了电流,更利于脱水。而在 50 V/cm 的电压梯度下,初始电流较大,加入柠檬酸后会增大电流,电流过大会使阳极污泥迅速干化而增大电阻,反而不利于脱水。

4.3.2.3　小结

　　本节研究了未酸化连续供电、酸化后连续供电、酸化后间断供电三种工况下的电流变化情况和污泥脱水效果,得出以下几点结论。

　　(1)在未酸化连续供电条件下,初始电流随着电压梯度增大而增大;电压梯度越大,电流下降速率越大。酸化和间断供电均会增大电流,但在高电压梯度(50 V/cm)下,过高的酸化浓度会导致阳极迅速干化,电流下降速率过大,造成电能的浪费,同时也不利于脱水,所以应根据实际情况选取适宜的电压梯度和酸化浓度。

　　(2)在未酸化连续供电条件下,脱水效果随着电压梯度增大而提高,最高脱水率达到 52.2% ,最终含水率为 62.6% 。酸化和间断供电均有助于提高脱水率,酸化后连续供电的最高脱水率为 63.35% ,最终含水率为 56.9% ,操作条件为电压梯度 50 V/cm,酸化浓度 0.4 mol/L;酸化后间断供电的最高脱水率为 68.90% ,最终含水率为 49.2% ,操作条件为电压梯度 50 V/cm,酸化浓度 0.2 mol/L。

4.3.3　电脱水过程中重金属去除效果及形态分析

　　前面的研究表明,电渗透对污泥有较好的脱水效果,特别是酸化后采取间断供电的方式能显著降低含水率,最低含水率能降至 49.2%(操作条件为间断供电,电压梯度 50 V/cm,柠檬酸浓度 0.2 mol/L)。本节重点研究电脱水过程中的重金属去除效果,即三种工况每个操作条件下的重金属去除率,并研究在电压梯度为 40 V/cm 和 50 V/cm、酸化浓度适中(0.4 mol/L、0.6 mol/L)条件下的重金属形态变化。

4.3.3.1　重金属去除效果分析

　　1)原始污泥中的重金属含量

　　本实验重点研究 Cu、Cr、Cd、Zn、Pb 这五种金属元素。经过处理、测量后,原始污泥中这五种重金属元素的含量如表 4-9 所示。

表 4 - 9　原始污泥中的重金属含量

重金属元素	Cu	Cr	Cd	Zn	Pb
含量(mg/kg)	183.7	322.7	22.0	584.0	117.9

2）未酸化连续供电条件下重金属的去除效果

为了更清晰地表示重金属去除效果,将各重金属含量换算成与原始污泥相比的去除率。未酸化条件下这五种金属的去除率如图 4 - 23 所示。由图可知,随着电压梯度的增大,各金属的去除率均有所升高,且在电压梯度为 50 V/cm 时去除率最高,其中 Pb、Cr 去除率较高,分别为 18.2% 和 16.0% , Cd、Zn、Cu 去除率较低,分别为 12.7% 、10.7% 和 10.2% 。

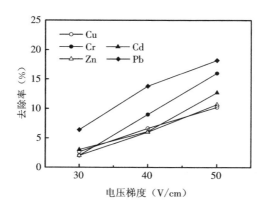

图 4 - 23　未酸化连续供电条件下的重金属去除率

3）酸化后连续供电条件下重金属的去除效果

被柠檬酸酸化后,这五种金属元素在连续供电条件下的去除率如图 4 - 24 所示。在连续供电情况下,经过酸化后,各金属元素的去除率较未酸化时均有所提高。这是因为加入柠檬酸后,污泥的电导率有所提高,污泥中溶解态的重金属有所增加,通电后会随着污泥中的水分一起脱除。与未酸化连续供电时的去除率相比,在酸化后连续供电条件下,元素 Cu 的去除率提高 18~30 个百分点;元素 Cr 的去除率提高 10~23 个百分点;元素 Cd 的去除率提高 11~20 个百分点;元素 Zn 的去除率提高 4 ~11 个百分点;元素 Pb 的去除率提高 15~30 个百分点。这表明柠檬酸酸化对提高各重金属的去除率有促进作用,其中 Cu 和 Pb 的去除率提高幅度较大,Cr 和 Cd 次之,Zn 的去除率提高幅度最小。

各重金属元素在电压梯度为 30 V/cm 时,去除率随着酸液浓度的升高而升高,在电压梯度为 40 V/cm 和 50 V/cm 时,呈现先上升后下降的趋势,或连续下降的趋势,或先下降后上升的趋势,五种金属元素各不相同。这是因为重金属的去除率与其

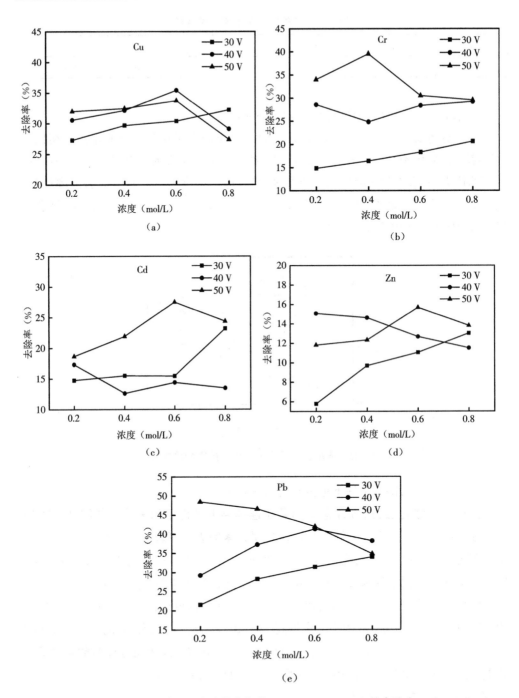

图 4-24 酸化后连续供电条件下 Cu、Cr、Cd、Zn、Pb 的去除率

(a)Cu 的去除率　(b)Cr 的去除率　(c)Cd 的去除率

(d)Zn 的去除率　(e)Pb 的去除率

在污泥中的存在形态和污泥的电导率有关,酸化可促进重金属从稳定态向不稳定态转化,同时可提高污泥的电导率。这在低电压梯度时会起到促进作用,而在高电压梯度时,酸化浓度过大会导致初始电流过大,使得阳极迅速干化,电阻急剧增大,电流衰减过快,反而不利于去除重金属。

为了便于观察各重金属去除率的变化趋势,将这五种重金属在酸化后连续供电各个条件下的去除率并入一张图进行进一步分析,如图 4 - 25 所示。去除率较高的三种金属元素为 Pb、Cu、Cr,元素 Pb 的去除率范围为 21.5% ~ 48.5% ;元素 Cu 的去除率范围为 27.3% ~ 35.4% ;元素 Cr 的去除率范围为 14.9% ~ 39.5% 。去除率较低的两种金属元素为 Cd 和 Zn,元素 Cd 的去除率范围为 14.7% ~ 27.5% ;元素 Zn 的去除率范围为 5.8% ~ 16.1% 。

由图 4 - 25 可知这五种金属的去除率皆存在先上升后下降的趋势。在连续供电条件下,Cu 在电压梯度为 40 V/cm、酸化浓度为 0.6 mol/L 时去除率最高,为 35.4% ;Cr 在电压梯度为 50 V/cm、酸化浓度为 0.4 mol/L 时去除率最高,为 39.5% ;Cd 在电压梯度为 50 V/cm、酸化浓度为 0.6 mol/L 时去除率最高,为 27.5% ;Zn 在电压梯度为 50 V/cm、酸化浓度为 0.6 mol/L 时去除率最高,为 16.1% ;Pb 在电压梯度为 50 V/cm、酸化浓度为 0.2 mol/L 时去除率最高,为 48.5% 。可以看出,除了 Cu 之外,其他金属元素在电压梯度为 50 V/cm、酸化浓度低时去除率最高。所以,综合而言,连续供电时去除率最高的条件是:电压梯度为 50 V/cm,酸化浓度为 0.2 ~ 0.6 mol/L。

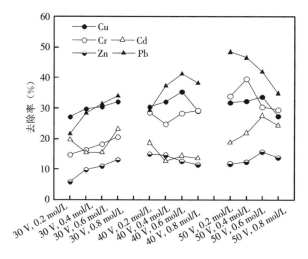

图 4 - 25　酸化后连续供电条件下 Cu、Cr、Cd、Zn、Pb 的去除率

4)酸化后间断供电条件下重金属的去除效果

被柠檬酸酸化后,在间断供电条件下这五种金属元素的去除率如图 4 - 26 所示。

与酸化后连续供电条件下的去除率相比,酸化后间断供电条件下 Cu、Cd、Zn 的去除率有所提高,其中 Cu 的去除率提高 4～8 个百分点;Cd 的去除率提高幅度较大,为 11～28 个百分点;Zn 的去除率提高 3～9 个百分点,但在电压梯度为 50 V/cm,酸化浓度为 0.6 mol/L 和 0.8 mol/L 时,Zn 的去除率却有所降低,降低幅度为 3 个百分点。Cr 和 Pb 的去除率有所降低,在电压梯度为 30 V/cm 和 40 V/cm、低酸化浓度下降低幅度不明显,Cr 的去除率降低 2～6 个百分点,Pb 的去除率降低 1～3 个百分点;但在电压梯度为 40 V/cm、高酸化浓度以及电压梯度为 50 V/cm、所有酸化浓度下,Cr 和 Pb 的去除率下降幅度较大,其中 Cr 下降 11～15 个百分点,Pb 下降 11～20 个百分点。

综合分析,间断供电有利于提高 Cu、Cd 和 Zn 的去除率,其中对 Cd 的提高效果较好,对 Cu 和 Zn 的提高效果较差。所以,对于 Cd,要充分利用供电方式来提高去除率。对于 Cu 和 Zn,供电方式对提高去除率影响不大,需重点考虑酸化浓度。对于 Cr 和 Pb,间断供电不利于提高去除率,尤其是在高电压梯度、高酸化浓度下去除率下降较大,所以 Cr 和 Pb 适宜用连续供电加酸化的方式去除。

为了便于观察,将重金属在酸化后间断供电各个条件下的去除率并入一张图进行进一步分析,如图 4 - 27 所示。去除率较高的三种金属元素为 Cu、Cd、Pb,元素 Cu 的去除率范围为 29.7%～39.7%;元素 Cd 的去除率范围为 26.2%～42.4%;元素 Pb 的去除率范围为 25.0%～40.4%。去除率较低的两种金属元素为 Cr 和 Zn,元素 Cr 的去除率范围为 13.1%～23.3%;元素 Zn 的去除率范围为 6.5%～22.1%。

在间断供电条件下,Cu 在电压梯度为 40 V/cm、酸化浓度为 0.4 mol/L 时去除率最高,为 39.7%;Cr 在电压梯度为 40 V/cm、酸化浓度为 0.4 mol/L 时去除率最高,为 23.7%;Cd 在电压梯度为 40 V/cm、酸化浓度为 0.6mol/L 时去除率最高,为 42.4%;Zn 在电压梯度为 40 V/cm、酸化浓度为 0.6 mol/L 时去除率最高,为 22.1%;Pb 在电压梯度为 40 V/cm、酸化浓度为 0.6 mol/L 时去除率最高,为 40.4%。可以看出,在间断供电条件下,这五种金属均在电压梯度为 40 V/cm 时去除率最高,电压梯度为 50 V/cm 时去除率反而降低。其原因是间断供电时的电流大于连续供电时,导致电压梯度为 50 V/cm 时初始电流过大,污泥的电阻迅速增大,电流衰减过快,不利于重金属的去除。所以,间断供电时去除率最高的条件是:电压梯度为 40 V/cm,酸化浓度为 0.4～0.6 mol/L。

4.3.3.2　重金属形态分析

由前文的分析可知,在电压梯度为 40～50 V/cm 以及较为适中的酸化浓度(0.4 mol/L、0.6 mol/L)下,脱水率和重金属去除率都比较高。所以本节选取原始污泥、未酸化连续供电条件下的污泥以及酸化后连续供电、酸化后间断供电条件下,电压梯度为 40 V/cm、50 V/cm,酸化浓度为 0.4 mol/L、0.6 mol/L 的污泥进行形态研究。

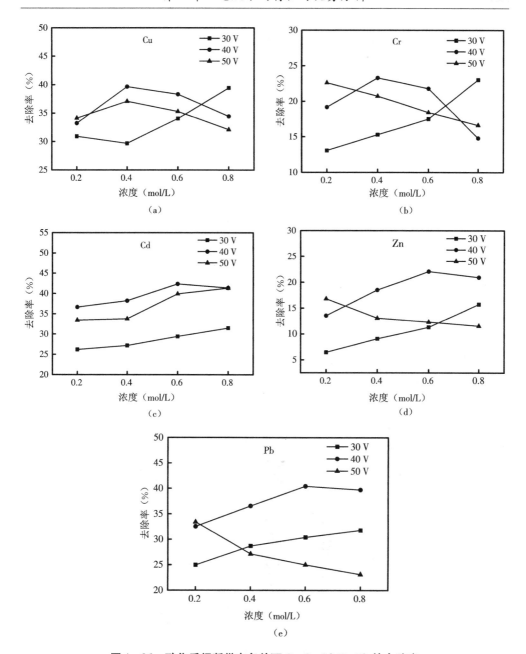

图 4 - 26　酸化后间断供电条件下 Cu、Cr、Cd、Zn、Pb 的去除率

（a）Cu 的去除率　（b）Cr 的去除率　（c）Cd 的去除率　（d）Zn 的去除率　（e）Pd 的去除率

采用 BCR 法进行重金属形态分析。BCR 法将重金属分为四种形态，分别为酸溶态/可交换态、可还原态、可氧化态、残渣态。在这四种形态中酸溶态/可交换态和可还原态属于不稳定态，易于被植物吸收，对环境有一定的影响，但易于通过电动学技术去除。而可氧化态和残渣态较为稳定，对环境影响较小，但随着时间的推移和条件

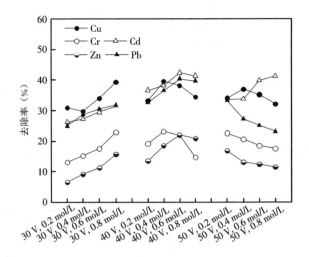

图 4 - 27　酸化后间断供电条件下 Cu、Cr、Cd、Zn、Pb 的去除率

的变化仍对环境有一定的风险,所以需要采取一定的手段去除。

　1.原始污泥中重金属形态分析

　　本实验所用原始污泥取自天津市咸阳路污水处理厂。将污泥风干研磨后过 100 目尼龙筛,密封保存用于形态测试。污泥中五种重金属(Cu、Cr、Cd、Zn、Pb)的形态分布如图 4 - 28 所示。

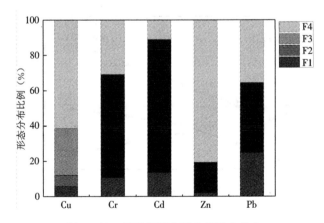

图 4 - 28　原始污泥中重金属形态分布

(图中 F1 为酸溶态/可交换态,F2 为可还原态,F3 为可氧化态,F4 为残渣态,下同)

　　Cu 在污泥中主要以残渣态(F4)和可氧化态(F3)存在,所占比例分别为 61.45% 和 26.48%,两者之和达 87.93%,可还原态(F2)和酸溶态/可交换态(F1)所占比例分别为 6.35% 和 5.72%,表明 Cu 在污泥中主要以稳定态存在,直接通电去除率较低,需要采取强化手段。

Cr 在污泥中酸溶态/可交换态(F1)和可还原态(F2)所占比例较高,分别为 10.62% 和 51.80%,两者之和为 62.42%,可氧化态(F3)所占比例比较低,仅为 6.72%,残渣态(F4)所占比例为 30.86%,表明 Cr 的迁移性较强,易对环境造成影响。其中残渣态的含量较高,采取一定的强化手段可以提高其去除率。

Cd 在污泥中酸溶态/可交换态(F1)的比例为 13.65%,可还原态(F2)所占比例比较高,为 58.61%,两者之和为 72.26%,可氧化态(F3)所占比例为 16.73%,残渣态(F4)所占比例为 11.01%,表明 Cd 的迁移能力较强,易对环境造成影响,但由于不稳定态比例较高,比较容易去除。

Zn 在污泥中酸溶态/可交换态(F1)和可还原态(F2)所占比例较低,仅为 2.06% 和 6.88%,两者之和为 8.94%,表明 Zn 的迁移能力较弱,不易对环境造成影响。可氧化态(F3)所占比例为 10.37%,残渣态(F4)所占比例最高,为 80.68%。由于 Zn 的残渣态含量较高,仅用通电的方法去除较困难,需要采取一定的强化手段来提高去除率。

Pb 在污泥中酸溶态/可交换态(F1)所占比例为 24.88%,可还原态(F2)所占比例为 25.62%,两者之和为 50.50%,表明 Pb 有较强的迁移能力,易对环境造成影响。可氧化态(F3)所占比例为 13.94%,残渣态(F4)所占比例为 35.55%。残渣态所占比例较高,提高去除率不易,需要采取一定的强化手段。

综合这五种重金属各个形态的数据可知,Cd、Cr 和 Pb 的酸溶态/可交换态(F1)与可还原态(F2)所占比例之和较大,迁移能力较强,易对环境造成影响,但比较容易去除。Cu 和 Zn 的酸溶态/可交换态(F1)与可还原态(F2)所占比例之和较小,可氧化态(F3)与残渣态(F4)所占比例之和较大,迁移能力弱,较难去除。

2. 未酸化连续供电条件下重金属形态分析

通电后,电场的作用会使污泥的性质发生一定程度的改变,另外阳极发生电化学反应产生 H^+,对污泥中的重金属有一定的溶解作用。未酸化连续供电条件下污泥中五种金属元素(Cu、Cr、Cd、Zn、Pb)的形态分布如图 4-29 所示。图中每种金属元素的数据为一组,每一组从左至右分别为该金属元素在原始污泥中的形态分布、30 V/cm 电压梯度下的形态分布、40 V/cm 电压梯度下的形态分布、50 V/cm 电压梯度下的形态分布。

由图 4-29 可知,通电后每一种金属残渣态(F4)的比例均有所下降,表明通电能促使各金属元素由稳定态向不稳定态转化。对于元素 Cu,通电后残渣态(F4)的比例随着电压梯度的增大而下降,与原始污泥比较,残渣态(F4)的比例从 61.45% 下降至 31.62%;可氧化态(F3)的比例大幅度提高,与原始污泥比较,从 26.48% 提高至 46.70%;酸溶态/可交换态(F1)与可还原态(F2)所占比例之和从 12.07% 上升至 21.68%。对于元素 Cr,与原始污泥相比,在电压梯度为 30 V/cm 和 40 V/cm 时残渣

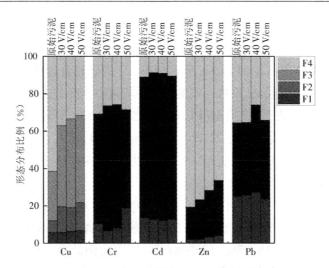

图4-29　未酸化连续供电条件下重金属形态分布

态(F4)含量有所降低,从最大30.9%下降至25.8%;可氧化态(F3)含量有所提高,从6.8%提高至19.0%。元素Cd不稳定态所占比例非常高,原始污泥中残渣态(F4)所占比例很低,仅为11.00%,通电对形态的改变较小。元素Zn残渣态(F4)所占比例较高,随着电压梯度的增大而降低,从80.68%下降至66.38%,其余三种形态所占比例均有所提高。对于元素Pb,在电压梯度为40 V/cm的条件下,残渣态(F4)所占比例最低,与原始污泥相比,从35.55%下降至26.02%,而其余两种电压梯度下的污泥形态分布与原始污泥相比变化不大。综合分析,通电对污泥中各金属形态的变化有一定的作用,但不明显,需要进一步采取强化手段。

3. 酸化后连续供电和酸化后间断供电条件下重金属形态分析

由前文的研究可知,酸化后脱水率和重金属去除率都有所提高。综合脱水效果和重金属去除率,选取较优的操作条件进行形态分析,即电压梯度为40 V/cm和50 V/cm,酸化浓度为0.4 mol/L和0.6 mol/L,研究在酸化后连续供电和酸化后间断供电条件五种金属元素(Cu、Cr、Cd、Zn、Pb)的形态分布。各金属四种形态的分布比例如图4-30所示。图中A~H表示的具体操作条件如表4-10所示。

表4-10　图4-30中A~H表示的具体操作条件

代号	A	B	C	D	E	F	G	H
电压梯度 (V/cm)	40	40	40	40	50	50	50	50
酸化浓度 (mol/L)	0.4	0.6	0.4	0.6	0.4	0.6	0.4	0.6
供电方式	连续供电	连续供电	间断供电	间断供电	连续供电	连续供电	间断供电	间断供电

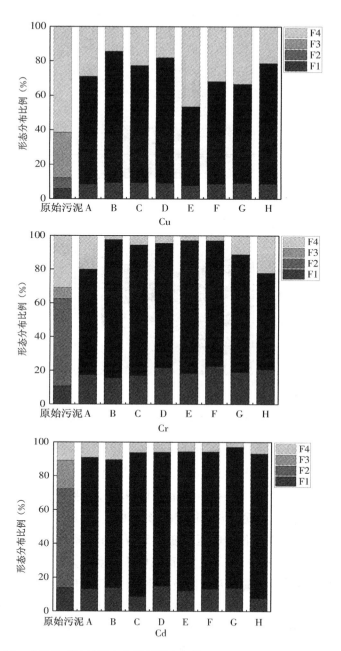

图 4 - 30　在酸化后连续供电和间断供电条件下 Cu、Cr、Cd、Zn、Pb 的形态分布

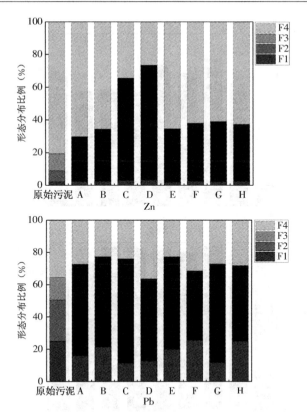

图 4 - 30　在酸化后连续供电和间断供电条件下 Cu、Cr、Cd、Zn、Pb 的形态分布（续）

　　对于元素 Cu，酸化后连续供电和酸化后间断供电，均可以大幅度降低残渣态（F4）的比例，提高可氧化态（F3）、可还原态（F2）的比例。与原始污泥相比较，Cu 残渣态（F4）所占比例最大可从 61.45% 下降至 14.45%，表明酸化和间断供电对改变 Cu 的形态有一定的作用，可促进向不稳定的形态转变。电压梯度为 40 V/cm 的条件下残渣态（F4）所占比例明显低于电压梯度为 50 V/cm 的条件下残渣态（F4）所占比例，表明适中的电压梯度利于 Cu 的去除，而高电压梯度使去除率降低。这是因为电压过高会引起剧烈的化学反应以及使阳极迅速干化，不利于脱水和重金属去除。

　　元素 Cr 和 Cd 残渣态（F4）所占比例较低，属于在环境中易于迁移的金属元素，酸化后酸溶态/可交换态（F1）和可氧化态（F2）比例增大，表明酸化促进重金属的溶解和络合，向易于迁移和去除的形态转化。

　　元素 Zn 残渣态（F4）所占比例很高。从图中可以看出，酸化后连续供电和酸化后间断供电都可以降低残渣态（F4）的比例，表明这两种强化手段对提高 Zn 的去除率有促进作用。特别是在 C 和 D 条件下，即电压梯度为 40 V/cm，间断供电，酸化浓度为 0.4 mol/L 和 0.6 mol/L 时，Zn 的残渣态比例最低，与原始污泥相比，从 80.68% 下降到 26.58%；可氧化态（F3）的比例从 10.4% 上升到 60.0%。这表明 C 和 D 操作条件最利于 Zn 的去除。

对于元素 Pb,酸化后连续供电和酸化后间断供电残渣态(F4)所占比例均有所降低,但幅度较小,但在操作条件 E(即电压梯度为 50 V/cm,连续供电,酸化浓度为 0.4 mol/L)下,Pb 的不稳定态比例提高幅度较大,表明 Pb 适宜的去除条件是连续供电,间断供电不利于 Pb 的去除。

综合而言,酸化后连续供电和酸化后间断供电都可以改变污泥中的重金属形态,使残渣态(F4)的比例减小,使可氧化态(F3)、可还原态(F2)、酸溶态/可交换态(F1)三者所占比例之和增大,表明这两种强化手段可以促使重金属由稳定态向不稳定态转化。这五种金属中,Cr 和 Cd 不稳定态所占比例较高,易于去除,Cu 次之,Pb 和 Zn 稳定态所占比例较高,不易去除,但酸化和间断供电可以提高不稳定态的比例,达到一定的去除效果。

4.3.4　小结

本节研究了未酸化、酸化后连续供电和酸化后间断供电这三种工况下的重金属去除率和形态,结果表明酸化和间断供电这两种强化手段都可以提高重金属的去除率,并促使污泥中的重金属由稳定态向不稳定态转变,据此得出以下几点结论。

(1)在未经酸化处理的情况下,污泥电脱水对污泥中的重金属元素有一定的去除效果,Cu、Cr、Cd、Zn、Pb 的最高去除率分别为 10.2%、16.0%、12.7%、10.7%、18.2%。

(2)柠檬酸酸化和间断供电会使重金属的去除率有所提高,但过大的电压梯度和酸化浓度不利于重金属的去除。在本实验的范围内,Cu、Cd、Zn 的最佳去除条件为电压梯度 40 V/cm,间断供电,酸化浓度 0.4 ~ 0.6 mol/L,去除率分别为 39.7%、42.4%、22.1%;Cr 和 Pb 的最佳去除条件为电压梯度 50 V/cm,连续供电,酸化浓度 0.2 ~ 0.4 mol/L,去除率分别为 39.5% 和 48.5%。

(3)Cd 的酸溶态/可交换态(F1)和可还原态(F2)所占比例之和最大,达 72.26%,表明其最不稳定,易于在环境中迁移;Cr 次之,酸溶态/可交换态(F1)和可还原态(F2)所占比例之和为 62.42%,表明 Cr 的迁移性也较强,对环境有一定的影响;Pb 的酸溶态/可交换态(F1)和可还原态(F2)所占比例之和排第三位,为 50.50%,迁移能力与 Cd 和 Cr 相比较弱,但对环境仍有一定的影响力;Cu 和 Zn 的酸溶态/可交换态(F1)和可还原态(F2)所占比例之和非常小,分别为 12.07% 和 8.94%,这两种金属迁移能力很弱,残渣态(F4)所占比例很高,比较难去除。

(4)酸化后连续供电和酸化后间断供电均可改变重金属的形态,促使其向不稳定态转变,但对操作条件有一定的限制,酸化浓度和电压梯度都不宜过大,采取强化手段后不稳定态所占比例越高,稳定态所占比例越低,越有利于重金属的去除。

4.4　电脱水对污泥中微生物的影响

在电渗透脱水过程中会产生很高的热量,并且有强酸、强碱生成,对污泥中的部分微生物有一定的灭活作用。微生物在电场中的灭活机理有三种[110]:①电场的影响,即电极间的电场强度和焦耳热引起的温升;②直接与电极接触对微生物的伤害;③电极上的电化学产物的抑制效应。刘广容[111]等运用电动生物复合技术修复底泥,探讨了电场对底泥污染物中微生物的生长活性、营养物质的迁移等的影响。实验发现,强电场(3 V/cm)会降低细菌的活性,甚至导致菌体破裂死亡,而弱电场(1 V/cm)可激发微生物的活性。

污泥的生物活性对污泥的后续处理与处置工艺(如污泥的堆肥或生物干化)有很大影响,因此本节实验的目的是考察电渗透脱水前后污泥中的细菌总数,通过实验数据比较,分析电渗透脱水对污泥中细菌的作用以及细菌的变化情况。

4.4.1　实验材料与方法

4.4.1.1　实验试剂

氢氧化钠溶液:$c(NaOH) = 1$ mol/L。

盐酸溶液:$c(HCl) = 1$ mol/L。

生理盐水:$w(NaCl) = 0.8\%$。

无菌稀释水:根据污泥样品的数量配制稀释用的生理盐水,分装于三角瓶及试管中。每个污泥样品需准备1个内装9 mL生理盐水的试管,同时准备8或9个(具体数量根据污泥样品的稀释倍数确定)内装90 mL生理盐水的三角瓶,其中放入数颗玻璃珠,经115 ℃高压蒸汽灭菌20 min后备用。

营养琼脂培养基:取33 g营养琼脂用超纯水溶于1 000 mL的容量瓶中,用锡箔或厚的牛皮纸包裹好瓶口和瓶颈,在115 ℃下高压灭菌20 min后,拿出冷却至50 ℃左右,倒入培养皿中备用。

4.4.1.2　实验方法

实验采用平板计数法测定污泥中细菌总数[112]。

用于测定细菌总数的采样瓶应用可耐灭菌处理的广口玻璃瓶。灭菌前把具有玻璃瓶塞的采样瓶用铝箔或厚的牛皮纸包裹,瓶口和瓶颈都要裹好,在115 ℃下高压灭菌20 min。

采得的泥样应立即送检,时间不超过2 h,如不能立即送检,应置于冰箱中,但也不得超过2 h,否则将影响检验结果。

具体步骤见图4 - 31。

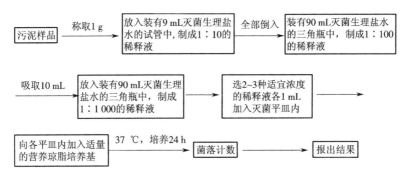

图 4 - 31　污泥细菌总数检测操作步骤

4.4.1.3　污泥样品的稀释

称取污泥样品 1 g,放于装有 9 mL 灭菌生理盐水的试管内,充分摇匀(若污泥样品颗粒较大,可将试管置于振荡器上振荡 1 min),制成 1∶10 的均匀菌液。

将试管内的 10 mL 1∶10 菌液倒入装有 90 mL 生理盐水的三角瓶中,摇匀,制成 1∶100 均匀菌液。

用 10 mL 灭菌移液管吸取 10 mL 1∶100 的均匀菌液,注入装有 90 mL 生理盐水的三角瓶中,摇匀,制成 1∶1 000 的均匀菌液。另取一只 10 mL 移液管,按照上述操作步骤制 10 倍稀释菌液,如此每稀释一次,即换用一只 10 mL 灭菌移液管。根据对污泥样品含菌量的估计,选择 2 种或 3 种适宜浓度的稀释菌液用于平板培养。

4.4.2　结果与分析

在电脱水过程中会产生很高的热量,污泥的温度也会相应地升高。且污泥阴极区产生强碱,阳极区产生强酸,这些因素都有可能对污泥中微生物的活性造成影响。本实验分别测定工作电压为 30 V、40 V 和 50 V 时电脱水后污泥中的细菌总数,具体结果见表 4 - 11、图 4 - 32。

表 4 - 11　污泥细菌总数

样品	不同稀释度的平均菌落数		两个稀释度的菌落数之比	报出结果(个/g)
	40 倍	400 倍		
原始污泥	296.5	35.7	1.2	13 070
30 V	214	22.3	1.0	8 740
40 V	149.5	15.1	1.0	6 010
50 V	99.3	11	1.1	4 186

通过图 4 - 32 可知,电渗透脱水确实对污泥中细菌的活性造成了一定的影响。

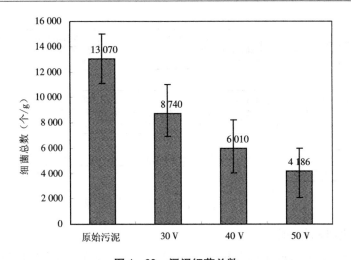

图 4 – 32　污泥细菌总数

注:原始污泥含水率为82% ,实验条件均为90 s、12 kPa

从图中可以看出,在三种不同的电压下电渗透脱水对污泥中的细菌都有灭活作用,电脱水后污泥中的细菌总数较原始污泥有一定量的减少,其中:工作电压为 30 V 时,污泥内的细菌总数比原泥减少了 33.13% ;工作电压为 40 V 时,污泥内的细菌总数比原泥减少了 54.02% ;工作电压为 50 V 时,污泥内的细菌总数比原泥减少了 67.97% 。可见随着电脱水工作电压的升高,污泥中的细菌总数呈减少的趋势,电脱水有利于对细菌的灭活。

对在三种电压下进行电脱水实验后阴极和阳极区的污泥进行细菌总数的对比,结果如图4 – 33、图4 – 34 所示,污泥温度的测量结果如图4 – 35 所示。

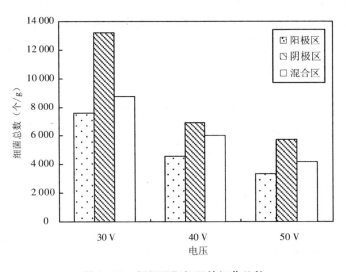

图 4 – 33　污泥阴阳极区的细菌总数

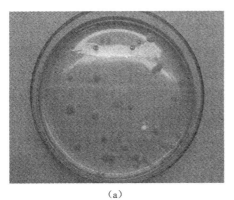 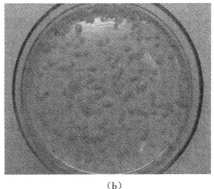

(a) (b)

图 4-34 污泥阴、阳极区的细菌

(a)阳极区 (b)阴极区

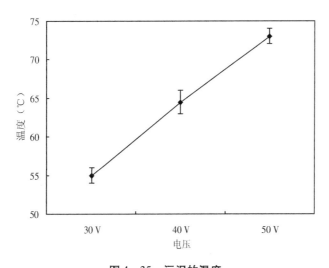

图 4-35 污泥的温度

注:原始污泥含水率为 82%,实验条件均为 90 s、12 kPa

由图 4-33 和图 4-34 可以明显地看出,在三种不同的电压梯度下,电渗透脱水对阳极区污泥中的微生物都有灭活作用,而且灭活作用大于对阴极区污泥中的微生物;阴极区的污泥比混合污泥的细菌总数高。这是由于在恒电压状态下,随着时间的推移,阳极区的污泥含水率快速下降,水分向阴极聚拢,电化学反应逐渐增强,电压降主要在阳极区的污泥上,电场强度超出了污泥内细菌菌体的承受范围,导致菌体破裂,从而从整体上降低了细菌活性;由于阳极区污泥的水分去除需要经过阴极区,从而对阴极区污泥的水分有一定的补充作用,阴极区污泥的导电方式主要为自由水导电,固体导电居于次要地位,而微弱的固体导电恰恰能在一定程度上提高污泥内细菌的活性,但是随着脱水过程的进行,污泥含水率逐渐降低,阴极区的水分慢慢减少,从而阴极区的细菌活性慢慢降低。

从图 4 – 35 中可以看出,在 30 V、40 V 和 50 V 下电脱水会产生很高的热量,随着电压升高,污泥的温度也随之升高。在 50 V 的电压下,电脱水实验后污泥的温度可以达到 73 ℃左右。

污泥中细菌的活性会随着污泥温度的升高和电场强度的增大逐渐降低,证明电脱水对污泥中细菌的灭活有一定的正向影响。

4.4.3　小结

通过对电渗透脱水前后污泥中细菌总数的比较,可以得出以下结论。

(1)电渗透脱水后污泥中的细菌总数较原始污泥有一定量的减少,即电脱水对污泥中的微生物有灭活作用,而且对阳极区污泥的灭活作用大于对阴极区污泥的灭活作用。

(2)电脱水会产生很高的热量,随着电压升高,污泥的温度也随之升高。

(3)污泥中细菌的活性会随着污泥温度的升高和电场强度的增大逐渐降低,证明电脱水对污泥中细菌的灭活有一定的正向影响。

第5章 电脱水技术改进途径实验研究

5.1 脱水装置及操作条件对污泥电脱水的影响

电脱水技术对难以机械脱水的污泥非常有效,不仅脱水率高,而且相对于热干燥技术能耗低,因而电脱水技术在污泥深度脱水中的应用具有非常大的潜力。但是电极材料的腐蚀以及能耗制约了该技术的广泛应用。本章就从降低电渗透脱水的能耗、提高脱水率的角度出发,考察脱水装置的阴极构造、阳极材质及操作条件(电压梯度和脱水时间)对污泥电渗透脱水行为的影响,并对污泥电渗透脱水的操作参数进行优化,以期为电渗透脱水技术的工业化应用提供实验数据。

5.1.1 实验材料与方法

实验所用的装置同图 3 – 3。实验材料同 3.1.2.1 节。

5.1.1.1 不同阴极构造的电渗透脱水实验

1)电渗透脱水实验

将脱水污泥倒入填充槽中,布置成直径为 70 mm、厚度为 5 mm 的饼状。在三个不同的电压水平(8 V、10 V 和 12 V)下,分别进行阴极加滤布及不加滤布的电渗透脱水。加滤布污泥电渗透脱水指将厚滤布或薄滤布放在 30 目的不锈钢阴极网上进行电渗透脱水,所用滤布的性能参数如表 5 – 1 所示。不加滤布污泥电渗透脱水指用400 目的小孔径不锈钢网代替滤布直接作为阴极进行电渗透脱水。

表 5 – 1　滤布的性能参数

产品型号	材质	厚度(μm)	质量(g/m^2)	孔径(μm)
130	涤纶纤维	270	125.6	—
DPP20S	涤纶纤维	140	33	50

对污泥进行电渗透脱水时,由直流电源输出恒定电压。污泥在不同时刻脱除的水分以吸水材料质量的变化来评价。污泥脱除的水分以 1 次/min 的频率记录,通过污泥的电流以 1 次/0.5 min 的频率记录。

污泥的脱水率 R 计算如下:

$$R = \frac{m_t}{m_s w_0} \times 100\% \qquad\qquad (5-1)$$

式中:m_s 是污泥的初始质量,g;w_0 是污泥的初始含水率,%;m_t 是 t 时刻污泥脱除的水分量,g。

污泥在 t 时刻的含水率 w 计算如下:

$$w = \frac{m_s w_0 - m_t}{m_s - m_t} \times 100\% \qquad\qquad (5-2)$$

2)滤布/不锈钢网固有渗透阻力的测定

滤布/不锈钢网固有渗透阻力的测定基于达西(Darcy)定律:

$$J = \Delta p / \mu R_t \qquad\qquad (5-3)$$

式中:J 为流体的通量,$L/(m^2 \cdot h)$;Δp 为过滤介质两侧的压差,Pa;μ 为滤液的动力学黏度,$Pa \cdot s$;R_t 为过滤阻力,m^{-1}。固有渗透阻力 R_t 通过在恒压状态下用全新清洁的滤布/不锈钢网对蒸馏水进行过滤,根据达西方程计算得出。实验中采用的 Δp 为 5 kPa,17 ℃时蒸馏水的动力学黏度为 $1.13 \times 10^{-3} Pa \cdot s$。

3)脱水泥饼微观形态的分析

使用 PHLIPS XL - 30TMP 型扫描电子显微镜(scanning electron microscope,SEM)来观察,将脱水后的泥饼放置在通风橱中于室温下自然风干,风干后的样品即可在 SEM 下观察。

5.1.1.2　不同涂层钛阳极的电渗透脱水实验

1)不同涂层钛阳极的制备

涂层钛电极的制造工艺主要包括钛电极基体的去油污、钛电极基体的酸蚀刻、涂液的配制、涂敷涂层这四个步骤[113]。所镀涂层有钌锡、铱、锡锑、钯钛锡锑,具体涂液的配制、涂层的制备参照文献中的方法[114-122]。

2)不同涂层钛阳极下的污泥电渗透脱水

采用机械脱水后含水率为 77.7% 的新鲜污泥,将其布置成厚度为 5 mm 的饼状,在电压为 10 V、阴极为 400 目不锈钢网的条件下,分别对不同涂层(钌锡、铱板、铱网、锡锑、钯钛锡锑)的钛阳极进行污泥电渗透脱水。

5.1.1.3　不同电场强度下的污泥电渗透脱水实验

采用机械脱水后含水率为 79.9% 的新鲜污泥,将其布置成厚度为 5 mm 的饼状,分别在四个不同的电压水平(12 V、10 V、8 V 和 6 V)、阴极为 400 目不锈钢网的条件下对污泥进行电渗透脱水。

5.1.2　阴极构造对电脱水的影响

为提高脱水率,电渗透脱水通常和机械脱水相结合,比如真空过滤、压滤等,该法称为加压电渗透脱水(pressurized electroosmotic dewatering, PED)。在 PED 中,阴极上通常会使用滤布,但是滤布易损坏是该技术的主要缺点之一,尤其是带式PED[91,123-124]。因此,阴极上的滤布对污泥电渗透脱水性能的影响很大。

5.1.2.1 脱水效果

文中所提到的电压梯度定义为外加电压与泥饼厚度之比。图 5-1 显示了在三个不同的电压梯度(16、20、24 V/cm)下污泥的电渗透脱水率。之所以选择这三个电压梯度是因为马德刚等考察了操作参数如电压(10~30 V)、泥饼厚度(5~15 mm)对污泥电渗透脱水效果的影响,得出电压梯度越高,电渗透脱水速率越大的结论[57]。当电压梯度为 24 V/cm、阴极无滤布时,脱水 5 min 后污泥大约去除 60% 的水分,含水率从 79.0% 降到 60.3%;当电压梯度为 20 和 16 V/cm 时,水的去除率分别为 54% 和 52%。由 H-S 等式也可知,电压梯度越大,脱水速率越大,但 Larue 等指出,为避免由于欧姆热损耗造成的高能耗,电压梯度不宜过大[91]。

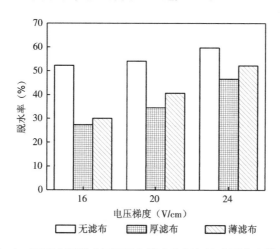

图 5-1　不同电压梯度下阴极加滤布和不加滤布脱水率的比较

与阴极加滤布相比,阴极无滤布时污泥的电渗透脱水率较高。电压梯度为 16 V/cm 时,阴极无滤布时的脱水率分别是阴极加厚滤布、薄滤布时的脱水率的 1.3、1.6 倍;电压梯度为 24 V/cm 时,阴极无滤布时的脱水率分别是阴极加厚滤布、薄滤布时的脱水率的 1.3、1.5 倍。因而与阴极加滤布相比,阴极无滤布的电渗透脱水在较小的电压梯度下更具有优势。

图 5-2 显示了在三个不同的电压梯度下阴极上有滤布和无滤布时,电渗透脱水过程中污泥含水率随时间的变化。由图可见,电压梯度为 24 V/cm,阴极无滤布及加薄滤布、厚滤布脱水 5 min 时,污泥含水率分别降低了 19%、15% 和 12%。当阴极加滤布时,污泥含水率随脱水时间的增加线性减小;而阴极无滤布、电压梯度比较大时,污泥含水率先快速下降,然后下降渐趋平缓。Yukawa 等提出了多孔材料 PED 脱除

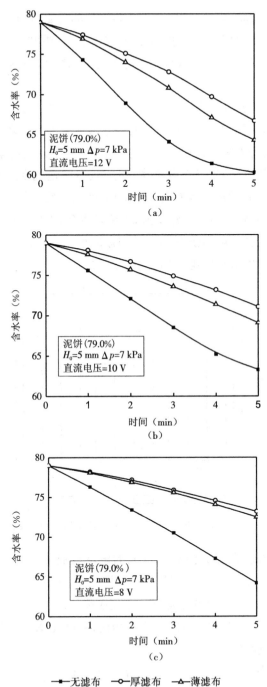

图 5-2　不同电压梯度下含水率随时间的变化

(a)24 V/cm　(b)20 V/cm　(c)16 V/cm

液体的动力学方程[125]：

$$q = q_p + q_e = -\frac{1}{\mu\alpha\rho_s(1-\varepsilon)} \cdot \frac{\partial p_1}{\partial z} - \frac{D\varphi(\varepsilon)\zeta}{\kappa\mu} \cdot \frac{\partial\psi}{\partial z} \qquad (5-4)$$

式中:q 是表观液体流速;q_p 表示由压力梯度引起的液体流速,代表达西定律所贡献的部分;q_e 为电渗透脱水所贡献的部分,其大小与所施加的电压梯度($E = \partial\psi/\partial z$)成正比;$\alpha$ 是污泥阻力;ρ_s 是固体颗粒密度;μ 是液体黏度;z 是污泥厚度;p_1 是污泥毛孔液体的压力;κ 是污泥形状系数;D 是毛孔液体的介电常数;ζ 是污泥颗粒的 zeta 电位;ψ 是外加电压;$\varphi(\varepsilon)$ 是污泥孔隙率 ε 的函数,其大小取决于脱水材料的性质。

对于某一特定的脱水物料,式(5-4)中的表观液体流速是稳定的,但是在电渗透脱水过程中,随着孔隙率 ε 的减小及污泥阻力 α 的增大,表观液体流速 q 逐渐减小。由于污泥固体颗粒的 zeta 电位取决于 pH 值并且整个污泥床层的电压梯度分布不均匀,因而电渗透脱水流速一般在时间或空间上不一致[91]。

从图 5-2 中看到,滤布越厚,污泥脱水越慢。当阴极为小孔径不锈钢网(即无滤布)时,污泥脱水最快,这也许和滤布/不锈钢网固有的渗透阻力有关。根据式(5-3)计算,厚滤布、薄滤布、不锈钢网固有的渗透阻力分别为 1.3×10^3、9.1×10^2 和 2.8×10^2 m^{-1}。因此,滤布/不锈钢网固有的渗透阻力是影响污泥电渗透脱水率的一个主要因素。

污泥电渗透脱水过程可看作不同高度处的多个污泥导体串联在电路中,这里主要解析电渗透脱水过程中滤布电阻在总电阻中所占的比例,因而把不同高度处的污泥作为一个整体考虑。滤布电阻在总电阻中所占的比例在这里简称为滤布的电阻率,用 η_f 表示。其解析模型见图 5-3(a),V_+、V_-、V_s 和 V_f 分别表示阳极、阴极、整个污泥层和滤布产生的电压降。电渗透脱水的等效电路图如图 5-3(b)所示,$R_{\pm}$ 表示阳极和阴极电阻的总和;R_s 表示整个污泥层的电阻,其大小取决于污泥的含水率[126];R_f 表示阴极上滤布的电阻。对于一个特定的操作系统,阴极和阳极的电阻是固定值,因而 $R_{\pm}$ 是常数。令 $R_b = R_{\pm} + R_s$,R_b 称为污泥电渗透脱水的基础电阻。

在恒电压下,阴极加滤布与不加滤布电渗透脱水时,通过滤布、污泥、电极的电流等于电路中通过的总电流,因而有如下推导:

$$V_0 = V_1 = V_2 \qquad (5-5)$$

式中:V_0、V_1、V_2 分别是阴极无滤布、加厚滤布、加薄滤布时所施加的外加电压,V。

根据欧姆定律(Ohm's Law):

$$I_0 R_b = I_1(R_b + R_{f1}) = I_2(R_b + R_{f2}) \qquad (5-6)$$

式中:I_0 是阴极无滤布时电路中通过的电流,A;I_1 是阴极加厚滤布时电路中通过的电流,A;I_2 是阴极加薄滤布时电路中通过的电流,A;R_{f1} 是厚滤布的电阻,Ω;R_{f2} 是薄滤布的电阻,Ω。

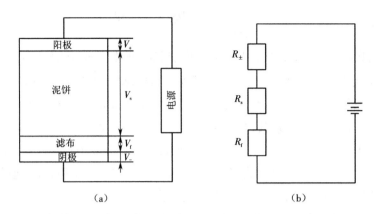

图 5 - 3　电渗透脱水电阻解析模型

(a)电渗透脱水电阻分布示意　(b)等效电路图

因而

$$R_{f1} = \left(\frac{I_0}{I_1} - 1 \right) R_b \qquad (5-7)$$

$$R_{f2} = \left(\frac{I_0}{I_2} - 1 \right) R_b \qquad (5-8)$$

滤布的电阻率表示如下:

$$\eta_f = \frac{R_f}{R} = \frac{R_f}{R_b + R_f} \qquad (5-9)$$

把式(5-7)和式(5-8)分别代入式(5-9)得出厚滤布和薄滤布的电阻率:

$$\eta_{f1} = 1 - \frac{I_1}{I_0} \qquad (5-10)$$

$$\eta_{f2} = 1 - \frac{I_2}{I_0} \qquad (5-11)$$

式中:η_{f1}是厚滤布的电阻率,%;η_{f2}是薄滤布的电阻率,%。

滤布的电阻 R_f 仅取决于材料的性质和厚度,对每一种滤布,R_f 是常数;电渗透脱水的基础电阻 R_b 受污泥含水率的影响。结合式(5-9)可知,η_f 的大小随着污泥含水率的变化而变化。因此根据式(5-10)和式(5-11)可以得到任何含水率下滤布的电阻率。

图 5 - 4 显示了在三个不同的电压梯度下阴极加滤布和无滤布时电流随时间的变化。阴极无滤布时电流下降最快,而且电流开始稍微增大,随后逐渐减小。一般来说,电流大小与污泥孔隙水中的离子数量成正比。在脱水初期,离子浓度较高导致较大的电流,但是随着电化学反应、电迁移的进行和电渗透水分的不断排出,离子浓度逐渐降低[127]。而且电压梯度越大,电流下降越快。

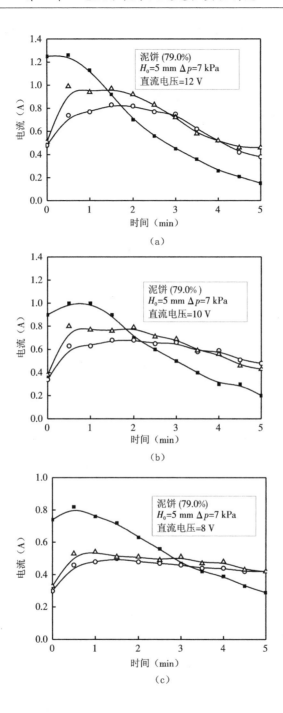

（a）

（b）

（c）

■—无滤布 ○—厚滤布 △—薄滤布

图 5 - 4 不同电压梯度下电流随时间的变化

（a）24 V/cm （b）20 V/cm （c）16 V/cm

图 5-5 显示了滤布的电阻率随污泥含水率的变化。从图上可以看出,两种滤布的电阻率随时间的变化趋势相同:滤布的电阻率随污泥含水率降低而逐渐减小,但当含水率降到某个值时,滤布的电阻率又开始上升。这主要是因为随着含水率的降低,污泥的电阻逐渐增大。结果表明,厚滤布的电阻率高于薄滤布,因而造成厚滤布的电渗透脱水速率小于薄滤布。

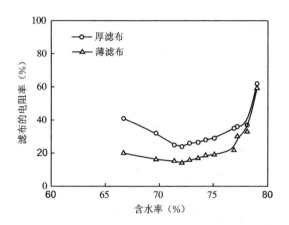

图 5-5　滤布的电阻率与污泥含水率的关系

5.1.2.2　脱水能耗

电渗透对于污泥深度脱水是一项非常有潜力的技术,但是在实际工业化应用中能耗是一个非常重要的参考指标。前述实验表明,小孔径阴极网的应用有效提高了污泥电渗透脱水率,因而考察能耗也是必要的。具体计算公式如下:

$$E = \frac{P}{m_t} = \frac{1}{m_t}\int UI\mathrm{d}t \qquad (5-12)$$

式中:E 是单位脱水量的能耗,kW·h/kg 水;P 是总能耗,kW·h;m_t 是脱除的水量,kg;U 是施加的电压,V;I 是电流,A;t 是时间,h。

图 5-6 显示了在三个不同的电压梯度下阴极加滤布和无滤布时能耗随含水率的变化。从图上可以看出,阴极加滤布的能耗高于无滤布的能耗,且加厚滤布的能耗高于加薄滤布的能耗,这一方面由于厚滤布固有的渗透阻力较大,另一方面由于厚滤布的电阻率高于薄滤布的电阻率。电渗透脱水的平均能耗随电压梯度的增大而增大,当阴极无滤布、电压梯度为 16、20 和 24 V/cm 时,平均能耗分别为 0.043、0.058 和 0.075 kW·h/kg 水。电压梯度大能耗高是由热损耗引起的,在实验过程中发现,当输出电压高时泥饼有明显的发热现象。因此,在实际脱水过程中使用较大的电压梯度来缩短脱水时间是不可取的,应根据污泥后续处理与处置对污泥含水率的要求来确定最佳电压梯度和脱水时间。

图 5-6(a)和(b)中,阴极无滤布时的能耗在含水率降到一定程度时突然急剧

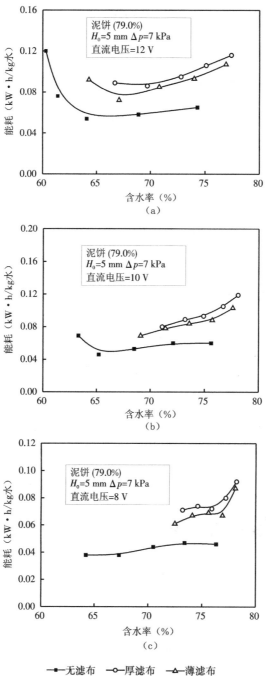

图 5-6　不同电压梯度下能耗随含水率的变化

(a)24 V/cm　(b)20 V/cm　(c)16 V/cm

增加,这是由污泥的电阻发生变化引起的[104]。含水率高时污泥的电阻较小,因而需要的能量较少;随着脱水的进行,单位质量污泥的固体含量增大,污泥的电阻增大,电渗透脱水变得困难,因而需要的能量较多。与热干燥脱水相比,电压梯度为 24 V/cm 时,电渗透脱除 1 kg 水需要消耗 0.075 kW·h 的电能,然而使用热力干燥法蒸发相同量的水需要消耗 0.6 kW·h 的能量(根据水在 100 ℃时的汽化潜热计算),可见电渗透脱水技术可以节省 87.5% 的能耗。表 5-2 显示了文献中污泥热干燥所消耗的能量,通过对比发现,电渗透脱水技术在节省能耗上有很大的优势。

表 5-2　文献中热干燥的能耗

作者	物料	能耗(kW·h/kg 水)	参考文献
Zhou, et al	活性污泥	1.20	[104]
Hong, et al	活性污泥	0.40	[128]
Zhang, et al	污泥	0.46	[129]

5.1.2.3　脱水泥饼微观形貌分析

图 5-7 为脱水泥饼的扫描电子显微图。从图上可以看到,未电渗透脱水的泥饼较密实且碎片较少;而电渗透脱水导致污泥结构较松散,碎片残骸较多。这主要归因于污泥孔隙中毛细水的去除以及电渗透所造成的细胞残骸。其中阴极无滤布时的污泥结构比阴极加滤布时的更疏松,残片更多,这可能与电渗透脱水过程中所去除的毛细水量有关。

(a)　　　　　　　　　(b)

(c)

图 5-7　脱水泥饼的扫描电子显微图

(a)未电渗透脱水的泥饼　(b)阴极加厚滤布电渗透脱水后的泥饼　(c)阴极无滤布电渗透脱水后的泥饼

5.1.3　阳极材料对电脱水的影响

Lockhart 等人描述了水溶液中的极板附近可能存在的主要电解反应[130]。

阳极：

$$M(s) \longrightarrow M^{n+}(aq) + ne^- \qquad (5-13)$$

$$6H_2O(l) \longrightarrow 4H_3O^+(aq) + O_2(g) + 4e^- \qquad E^{\theta}_{H_2O/O_2} = 1.23 \text{ V} \qquad (5-14)$$

阴极：

$$2H_2O(l) + 2e^- \longrightarrow 2OH^-(aq) + H_2(g) \qquad E^{\theta}_{H_2/H_2O} = -0.83 \text{ V} \qquad (5-15)$$

$$2H_3O^+(aq) + 2e^- \longrightarrow 2H_2O(l) + H_2(g) \qquad E^{\theta}_{H_2/H_3O^+} = 0 \text{ V} \qquad (5-16)$$

M 是阳极使用的材料，$E^{\theta}_{H_2O/O_2}$ 是反应(5-14)在 25 ℃时的标准电极电势。如果阳极为易氧化金属(如铝、锌或铁)，反应(5-13)是主要进行的电极反应，可产生金属离子，产生的离子 M^{n+} 提供给电解液电荷，以维持电渗透脱水过程，但是碱性的环境可能把金属离子转化为不溶性的氢氧化物[$M^{n+} + nOH^- \longrightarrow M(OH)_n$]，堵塞滤布或使污泥的性质恶化[131]。如果阳极为惰性电极(如石墨、钛或导电陶瓷)，反应(5-14)是主要进行的反应。

基于阳极腐蚀性及脱水污泥清洁性的考虑，采用在电解行业中应用广泛的钛电极做阳极[132-134]。钛电极由金属基体和表面活性涂层组成，其中基体钛起骨架和导电作用；而表面涂层具有化学反应活性。实验分别考察了具有钌锡、铱、锡锑和钯钛锡锑等不同活性涂层的钛阳极对污泥电渗透脱水的影响，如图 5-8 所示。从图上可以看到，钯钛锡锑涂层钛阳极板的污泥电渗透脱水速率最小且脱水程度最低，脱水12 min 时污泥脱水率为 56%；锡锑涂层钛阳极板的脱水速率较小，12 min 时污泥脱水率为 62%；而钌锡和铱涂层钛阳极板的电渗透脱水速率和脱水程度相同，12 min时污泥脱水率都为 66%。

实验同时考察了相同铱涂层的钛阳极板和钛阳极网对污泥电渗透脱水的影响。从图 5-8 中看到，在电渗透脱水前 5 min，二者脱水速率是一致的。但随着脱水的进行，铱涂层的钛阳极网电渗透脱水速率减小，12 min 时，铱涂层的钛阳极板脱水率为68%；而铱涂层的钛阳极网脱水率为 62%，正好和锡锑涂层的钛阳极板脱水程度相同。

不同涂层的钛阳极之所以影响污泥电渗透脱水效率主要是因为不同涂层的极板电压在总外加电压中所占的比例不同。不同涂层的极板电压可以通过测定特定电解质溶液的最小分解电压来间接确定。

$$E_d = E_R + \eta_a + \eta_c + IR \qquad (5-17)$$

式中：E_d 是电解质的实际分解电压；E_R 是极板的标准电极电压；η_a 是阳极产生的过电位；η_c 是阴极产生的过电位；IR 是电池电阻(溶液)产生的电势降。

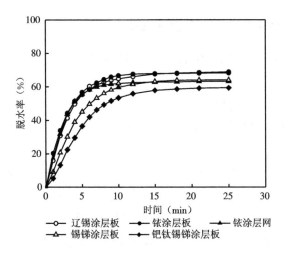

图 5-8 不同涂层的钛阳极对污泥电渗透脱水的影响

　　测定电解质的分解电压时,分别使用不同涂层的钛阳极,阴极使用不锈钢板。每次测定时更换新的电解液,电解液使用自来水,这样可扣除电池电阻(溶液)对实际分解电压的影响。通过作电流-电压曲线图求得不同涂层的钛阳极所对应的电解质实际分解电压,结果如表 5-3 所示。从表中可以看到,钌锡和铱涂层的钛阳极所对应的分解电压较小且二者相差不大,这意味着当施加相同的外加电压时,产生在污泥层上的有效电压降较大且二者大小近似相等;而锡锑和钯钛锡锑涂层的钛阳极所对应的分解电压依次增大,这样产生在污泥层上的有效电压降依次减小,因而引起污泥电渗透脱水速率依次减小。

表 5-3 不同涂层钛阳极所对应电解质的实际分解电压

涂层材料	分解电压(V)
钌锡	2.64
铱板	2.71
铱网	2.69
锡锑	2.92
钯钛锡锑	3.34

5.1.4 初始电压梯度

5.1.4.1 电渗透系数

　　图 5-9 显示了不同的初始电压梯度下污泥脱水量随时间的变化。从图上看到,随着电压梯度的增大,污泥脱水量不断增加。当电压梯度从 12 V/cm 增大到 24

V/cm时,脱水 5 min,污泥电渗透脱水率分别为 31% 、45% 、54% 和 59% ;脱水 14 min,脱水率分别提高到 55% 、60% 、65% 和 68% 。因而,增大初始电压梯度有助于提高污泥的电渗透脱水率。但从图中发现,随着电压梯度的增大,污泥脱水量的增速更快地减缓,因此为实现污泥的经济高效脱水,应选择一个合适的电压梯度。

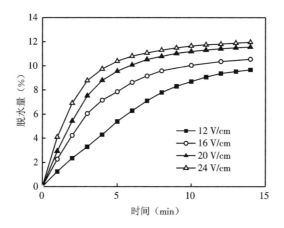

图 5 - 9　不同电压梯度下污泥脱水量随时间的变化

根据电渗透的渗透理论,由达西定律式(5 - 18)求得不同电压梯度下污泥电渗透脱水的渗透系数 k_e。

$$Q_e = k_e i_e A \tag{5 - 18}$$

式中: $k_e = \dfrac{\xi D}{\mu} n$(其中 D 为介电常数),称为电渗透系数,$cm^2/(V \cdot s)$;$i_e = \dfrac{\Delta V}{\Delta L}$,称为电势梯度,V/cm;$A$ 为横截面积,cm^2。

电渗透系数 k_e 与污泥含水率的关系如图 5 - 10 所示。从图上可以看到,当污泥降低相同的含水率时,电压梯度越大,电渗透系数越大,且电渗透系数随着污泥含水率的降低而线性减小。通过线性回归分析发现(如表 5 - 4 所示),初始电压梯度为 16、20 和 24 V/cm 时,dk_e/dw 是相等的;而电压梯度为 12 V/cm 时,dk_e/dw 较小。

表 5 - 4　电渗透系数 $k_e(y)$ 与污泥含水率(x)线性回归的分析结果

电压梯度(V/cm)	回归分析	相关性系数 R^2
12	$y = 0.000\,06x - 0.002$	0.993
16	$y = 0.000\,1x - 0.006$	0.965
20	$y = 0.000\,1x - 0.005$	0.982
24	$y = 0.000\,1x - 0.006$	0.936

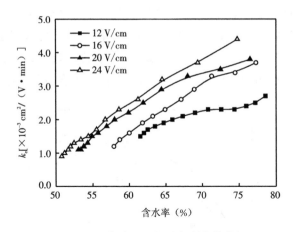

图 5 - 10　电渗透系数随含水率的变化

5.1.4.2　能耗

图 5 - 11 显示了不同电压梯度下污泥电渗透脱水能耗随含水率的变化。从图上可以看到,当污泥含水率从 79.9% 降到 64.5% 时,在电压梯度为 12、16、20 和 24 V/cm下,通过面积法求得的平均脱水耗能分别为 0.035、0.043、0.046 和 0.053 kW·h/kg 水。当污泥含水率继续下降时,电渗透脱水,能耗急剧增加。电压梯度越大能耗越高,然而电压梯度为 16 和 20 V/cm 时电渗透脱水能耗却相差不大。

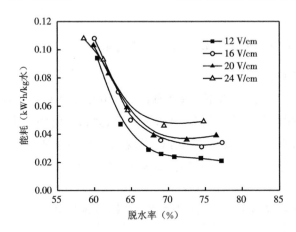

图 5 - 11　不同电压梯度下污泥电渗透脱水能耗随含水率的变化

5.1.4.3　电流密度

考虑到电渗透脱水过程中极板所能承受的最大电流密度,考察了不同电压梯度下通过污泥层的最大瞬时电流密度(图 5 - 12)。电压梯度为 12、16、20 和 24 V/cm时,最大瞬时电流密度分别为 73、187、205 和 314 A/m²。结合图 5 - 9 和图 5 - 11,综合考虑脱水速度、脱水能耗及最大瞬时电流密度,为在短时间内实现污泥的经济高干脱水,本研究选择的理想电压梯度为 20 V/cm。

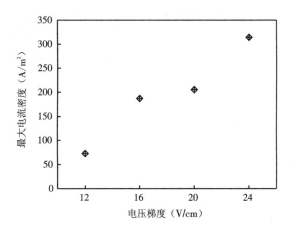

图 5 - 12　　不同电压梯度下通过污泥层的最大瞬时电流密度

5.1.4.4　脱水泥饼的形貌

图 5 - 13 显示了电渗透脱水后泥饼的形貌。其中(a)为未电渗透脱水的原泥饼,(b)、(c)、(d)和(e)分别为不同初始电压梯度下电渗透脱水 14 min 后的泥饼。从图 5 - 13 中可以看出,随着电压梯度的增大,泥饼裂缝变多变宽,其固体含量变大。由此可知,电渗透脱水技术对污泥深度脱水是非常有效的。

5.1.5　时间

从图 5 - 9 中可以看到,随着脱水时间的延长,污泥电渗透脱水量增加得越来越少,到脱水后期,电渗透脱水量几乎不再增加,因而延长脱水时间以增加污泥电渗透脱水量是不可取的。图 5 - 14 显示了电压梯度为 20 V/cm 时污泥含水率及电渗透脱水能耗随时间的变化。结果发现,随着脱水时间的延长,污泥含水率逐渐降低,而脱水能耗却随时间呈指数型增长,因而脱水时间存在着一个理想点。通过作图,两条曲线的四条切线正好交于一点(即 O 点),该点即被认为是污泥电渗透脱水时间的理想点,因而污泥电渗透脱水的时间以不超过 8 min 为最佳。当电渗透脱水 7 min 时,污泥含水率从 79.9% 降到 58%,这时污泥的电渗透脱水能耗上升为 0.1 kW·h/kg 水。

5.1.6　小结

(1)考察了阴极滤布对污泥电渗透脱水的影响,得出厚滤布会导致低的污泥脱水率的结果。不加滤布小孔径不锈钢阴极网的应用,使电渗透脱水效率显著提高并且脱水能耗明显降低。和阴极加滤布脱水的情况相比,小孔径不锈钢阴极网在较小的电压梯度下更具有优势。滤布对电渗透脱水效率的影响,一方面是由于滤布固有的渗透阻力,另一方面与滤布的电阻率有关。

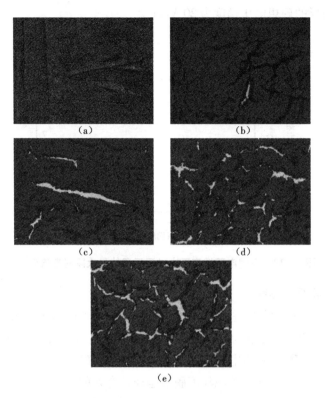

图5－13　不同电压梯度下电渗透脱水14 min后泥饼的形貌

（a）未电渗透脱水的原泥饼　（b）12 V/cm　（c）16 V/cm　（d）20 V/cm　（e）24 V/cm

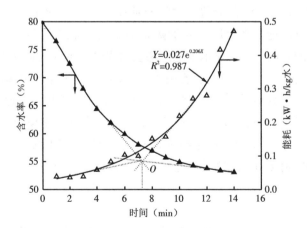

图5－14　电压梯度为20 V/cm时污泥含水率及电渗透脱水能耗随时间的变化

（2）考察了阳极材料对污泥电渗透脱水的影响,结果发现,钌锡和铱涂层的钛阳极较好。

（3）考察了电压梯度和脱水时间对污泥电渗透脱水的影响,同时对这两个参数进行优化。结果表明,电压梯度越大,污泥脱水速率越大,但同时脱水能耗增大。综合考虑污泥电渗透系数、脱水能耗以及通过极板的最大瞬时电流密度,本研究选择的最佳电压梯度为 20 V/cm。随着脱水时间的延长,污泥脱水速率逐渐减小,而能耗却随时间却呈指数型增加,因而选择电压梯度为 20 V/cm,脱水时间应不超过 8 min。

5.2　超声波辅助作用对污泥电脱水的影响

5.2.1　超声波耦合电场作用对污泥脱水性能的影响

目前,国内污水厂常用的机械脱水方法可将污泥含水率降低至 80% 左右,如何进一步降低污泥含水率,减小污泥体积,降低后续的运输及处理费用,是污泥领域很重要的问题之一。近年来,电渗透脱水方法的优势逐渐被人们认可,它与机械脱水方法相比,效率高,且最终含水率较低,与干化方法相比,能耗较低,所以该项技术在污泥深度脱水方面有着很大的潜力。但是,受脱水机制的限制,即随着脱水过程的进行,污泥的结构逐渐发生改变,不再适合进行电渗透脱水,该项技术未能广泛应用。

本研究利用超声波的能量改变污泥的结构,使电渗透脱水过程更加高效运行。为了找到超声波能量和电渗透能量最好的结合方式,首先将二者耦合作用于污泥介质,即二者同时作用,研究不同的作用方案下污泥最终含水率、电渗透流量以及电流的变化趋势,同时计算各个方案下的能耗,以期找到最佳的作用方案,得到最好的脱水效果。

5.2.1.1　实验方案

为证明超声波能够对电渗透脱水过程产生积极作用,将脱水时间、机械压力及加压时间、电压及通电时间等参数固定,以找到超声波的最佳工况。研究表明,低频率(20 ~ 25 kHz)超声波与高频率(大于 25 kHz)超声波相比,能够产生更大的空化气泡和更强的剪切力,有助于破坏污泥絮体细胞,释放其中的水分,污泥脱水效果较好[135 - 136],所以在本实验中超声波频率固定为 20 kHz。表 5 - 5 所示为实验方案,共分为 7 组,分别为 T0、T1、T2、T3、T4、T5 和 T6,实验数据均由 4 组平行实验取平均值而得。

表 5 - 5　实验方案

脱水时间(min)	0~0.5	0.5~3.0	3.0~4.0	4.0~5.0	5.0~5.5
压力(MPa)	0.1				
电压(V)	—	60			
超声波作用方案 T0		(P0)			
T1	—	间断作用 0.5 min (P2、P3、P4、P5、P6)			
T2	—	间断作用 1.0 min (P1、P2、P3、P4、P5、P6)			
T3	—	(P1、P2、P3、P4、P5、P6)	—		
T4	—	(P1、P2、P3、P4、P5、P6)	—		
T5	—	(P1、P2、P3、P4、P5)	—		
T6	—	(P1、P2、P3、P4、P5)			

注:(a)除 T1 和 T2 为间断作用外,其他参数均在作用时间内连续。

(b)P0 表示超声波功率为 0,P1 表示超声波功率为 10 W(声强为 0.127 W/cm²),P2 表示超声波功率为 20 W(声强为 0.255 W/cm²),P3 表示超声波功率为 40 W(声强为 0.509 W/cm²),P4 表示超声波功率为 60 W(声强为 0.764 W/cm²),P5 表示超声波功率为 80 W(声强为 1.018 W/cm²),P6 表示超声波功率为 100 W(声强为 1.275 W/cm²)。

(c)T0 表示超声波作用时间为 0;T1 表示间断作用 0.5 min,即在 0.5 min 时加入超声波 6 s,以后每隔 54 s 加入超声波 6 s,直到实验结束,总计作用 0.5 min;T2 表示间断作用 1 min,即在 0.5 min 时加入超声波 12 s,以后每隔 48 s 加入超声波 12 s,直到实验结束,总计作用 1 min。

5.2.1.2　超声波声强对最终含水率的影响

　　为了研究含水率随超声波声强的变化,同时保证图形清晰,将七组实验所得的曲线分为两张图表示,趋势相近的放在一张图中。当辅助电渗透脱水的超声波作用方案为 T1(超声波间断作用 0.5 min)、T2(超声波间断作用 1.0 min)和 T6(超声波连续作用 5.0 min)时,考察不同的超声波声强(P1~P6)对污泥最终含水率的影响,空白实验为在相同条件下电渗透脱水(T0P0),结果如图 5-15 所示。

　　由图 5-15 可知,在超声波作用时间较短的情况(T1 和 T2)下,当声强较小(P1、P2 和 P3)时,对电渗透作用产生的影响很小(与电渗透相比含水率变化都小于1%),所以可以忽略。随着声强的增大,超声波的作用逐渐显现,在 T1 方案下,T1P6处理效果最好,污泥含水率达到 76.35%,与该方案下的 T0P0(78.14%)相比,含水率降低了 1.79 个百分点。在 T2 方案下,T2P6 处理效果最好,污泥含水率达到76.91%,与该方案下的 T0P0(78.64%)相比,含水率降低了 1.73 个百分点。虽然与低声强相比,变化幅度增大了,但变化仍然很小,所以实验方案 T1 和 T2 不可行。

　　超声波作用时间较长(T6),会导致污泥细胞破碎,脱水性能下降,在该方案下,T6P1 处理效果最好,但污泥含水率只降低到 78.33%,与该方案下的 T0P0(79.33%)

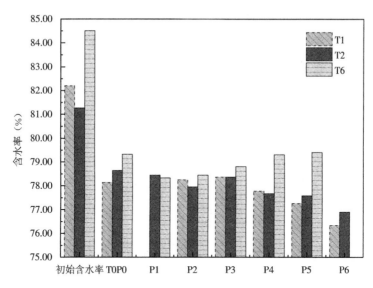

图 5 - 15　超声波作用方案为 T1、T2 和 T6 时含水率随声强的变化

相比,含水率降低了 1.00 个百分点,而且在各个声强下脱水效果都不明显,所以实验方案 T6 亦不可行。

当辅助电渗透脱水的超声波作用方案为 T3(超声波连续作用 2.5 min)、T4(超声波连续作用 3.5 min)和 T5(超声波连续作用 4.5 min)时,考察不同的超声波声强(P1 ~ P6)对污泥最终含水率的影响,空白实验为在相同条件下电渗透脱水(T0P0),结果如图 5 - 16 所示。

由图 5 - 16 可知,随着超声波声强增大,污泥含水率均先下降后上升,当声强为 P2 时,处理效果最好。

在 T3 方案下,T3P2 处理效果最好,污泥含水率达到 75.44%,与该方案下的 T0P0(79.59%)相比,含水率降低了 4.15 个百分点。在 T4 方案下,T4P2 处理效果最好,污泥含水率达到 72.90%,与该方案下的 T0P0(79.20%)相比,含水率降低了 6.30 个百分点。在 T5 方案下,T5P2 处理效果最好,污泥含水率达到 76.76%,与该方案下的 T0P0(80.92%)相比,含水率降低了 4.16 个百分点。

当声强小于 P2 时,脱水效果较差,这是因为超声波能量较低,不能较好地破坏污泥絮体结构,释放其中的水分。当声强从 P2 开始逐渐增大时,脱水效果逐渐变差,这是因为超声波能量较高,超声波会彻底破坏污泥菌胶团结构,使污泥细胞破裂,污泥尺寸进一步变小,而小颗粒具有较大的比表面积,能吸附更多的自由水,因此降低了污泥的脱水性能,甚至比单纯电渗透脱水的污泥更难脱水。

因此,超声波声强对污泥最终含水率的影响不是单一的促进或抑制,具有两面性,选定合适的声强对超声波污泥处理至关重要。

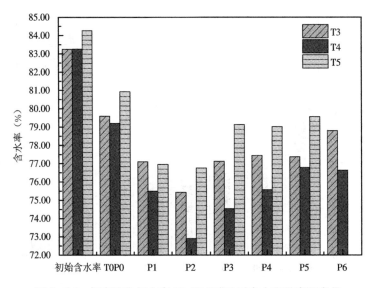

图 5-16　超声波作用方案 T3、T4 和 T5 时含水率随声强变化

5.2.1.3　超声波作用时间对最终含水率的影响

要考察超声波作用时间对最终含水率的影响,单纯比较最终含水率的大小是不可行的。因为在实验过程中,各超声波作用方案不是同时进行的,而是有一定的先后顺序,每个实验方案持续 1~2 周。而污泥从污水处理厂取回后,需要放置在恒温箱中保存,以保证性质的稳定,但这个稳定是有一定的时间限制的,在每个实验方案进行期间,基本可以保证污泥的性质稳定,所以计算所得的最终含水率可以直接进行对比,所得出的结果就是上一小节的内容:在某一个超声波作用方案下,污泥含水率随声强的变化规律。

随着污泥放置时间的延长,约 2 周以后污泥的性质会发生很大的变化,所以想要比较相同的超声波声强下,不同的超声波作用时间对最终含水率的影响,就需要对实验数据进行处理,首先需要消除初始含水率的影响。需要注意的是,在实验期间,每天的污泥初始含水率都是不同的,但在同一个超声波作用方案中比较含水率随声的强变化规律时,没有区分这个概念,只是将 4 次实验结果取了均值,也是因为实验周期较短,污泥的性质变化不大。

为消除污泥初始含水率对数据的影响,引入脱水率 α_1 的概念,如下所示:

$$\alpha_1 = \frac{w - w_1}{w} \tag{5-19}$$

式中:w 为初始状态下的污泥含水率,% ;w_1 为某特定工况下的污泥含水率,% 。

为了消除系统误差的影响,需要计算与电渗透脱水相比,超声波辅助电场脱水的脱水率增大的百分比 α_1',如下所示:

$$\alpha_1' = \frac{\alpha_1 - \alpha_0}{\alpha_0} \tag{5-20}$$

式中：α_0 为 T0P0 工况下的污泥脱水率，% ；α_1 为某特定工况下的污泥脱水率，% 。

　　为了消除初始含水率的影响，运用式（5-19）处理每次实验所得的污泥最终含水率，得出脱水率 α_1。此时仍不能对脱水率 α_1 进行比较，因为在不同的作用方案下，污泥电渗透脱水所得污泥的最终含水率也有一定的差异，为了保证实验的严谨性，需要消除这个差异。运用式（5-20）处理脱水率 α_1，得出脱水率增大的百分比 α_1'，这时就可以对比不同超声波作用时间下 α_1' 的变化规律，从而了解超声波作用时间对最终含水率的影响。

　　当超声波声强为 P1（超声波功率为 10 W）、P5（超声波功率为 80 W）和 P6（超声波功率为 100 W）时，考察不同的超声波作用时间（T1 ~ T6）对 α_1' 的影响，结果如图 5-17 所示。

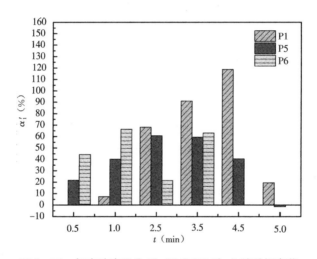

图 5-17　超声波声强为 P1、P5 和 P6 时 α_1' 随时间变化

　　由图 5-17 可知，P1 和 P6 柱状图不完整，缺少部分数据点，观察变化趋势可知，P1 柱状图缺少的 T1 点是可舍弃的数据点，T1P1 由于超声波能量太小，不会对电渗透效果产生太大影响，T6P1 则因为作用时间过长，破坏了污泥的细胞，只会对电渗透效果产生负影响。而 P6 柱状图因为能量输出太大，变化趋势呈波动状，而且总体的效果不好，所以不能观察声强随时间的变化规律。P5 柱状图数据点完整，观察可发现，随着作用时间的延长，α_1' 先增大后减小，但是峰值不明显，变化趋势较为平缓。

　　当超声波声强为 P2（超声波功率为 20 W）、P3（超声波功率为 40 W）和 P4（超声波功率为 60 W）时，考察不同的超声波作用时间（T1 ~ T6）对 α_1' 的影响，结果如图 5-18 所示。

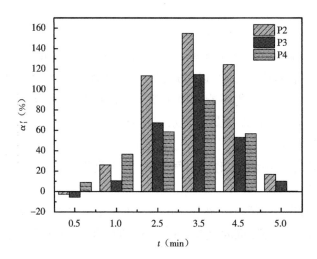

图 5 - 18   超声波声强 P2、P3 和 P4 时 α_1' 随时间的变化

由图 5 - 18 可知,当超声波声强适中时,α_1' 随时间的变化规律明显。随着作用时间的延长,α_1' 都是先增大后减小,在超声波作用方案为 T4 时达到峰值,T4P2 的 α_1' 为 154. 98%,T4P3 的 α_1' 为 114. 74%,T4P4 的 α_1' 为 89. 20%,所以在 T4P2 作用方案下,超声波对污泥电渗透脱水效果的影响最大,效果最好。而 T1P2 和 T1P3 的 α_1' 均为负值,表示在超声波的作用下,污泥电渗透脱水的效果没有得到改善,反而更差了。因此,与超声波声强对污泥脱水效果的影响类似,超声波作用时间对污泥脱水效果的影响也具有两面性。

前文分别分析了超声波作用时间和超声波声强对最终含水率的影响,为了更加直观地了解二者共同的影响,以超声波作用时间和超声波声强为横坐标,α_1' 为纵坐标,作图 5 - 19。

由图 5 - 19 可知,在不同的超声波声强下,最佳作用时间也是不同的,随着超声波声强的增大,最佳处理时间逐渐缩短。总的来看,辅助电渗透脱水的超声波最佳工况为 T4P2,即超声波连续作用 3. 5 min,超声波功率为 20 W(声强为 0. 255 W/cm²)。

5. 2. 1. 4   超声波作用对电渗流量、电流和能耗的影响

根据实验记录的各个时刻下脱出液的质量,运用下式计算出电渗流量 q_e。

$$q_e = \frac{m_2 - m_1}{\rho t_{12}} \tag{5-21}$$

式中:m_1 为 1 时刻脱出液的质量,g;m_2 为 2 时刻脱出液的质量,g;ρ 为脱出液的密度(可近似认为是水的密度,即 1 g/cm³),g/cm³;t_{12} 为 1、2 时刻的时间间隔,min。

电渗流量 q_e 随时间的变化规律如图 5 - 20 所示。为了更好地观察变化规律,图 5 - 20 只选取其中变化规律较为明显的曲线,而且根据上文可知在 T4P2 工况下,处

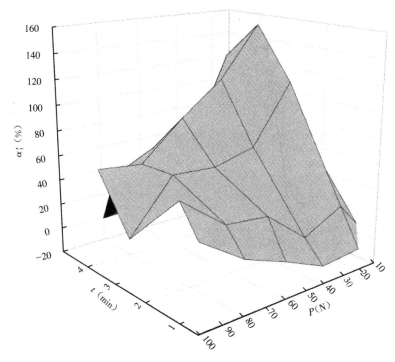

图 5 – 19 α_1' 随超声波声强和超声波作用时间的变化

理效果最好,所以选取 T0P0、T4P1、T4P2、T4P3 四个工况下的 q_e 曲线。

在 T0P0 工况下,在脱水初期 q_e 增长缓慢,后期下降较快。观察 T4P2 曲线可知,在脱水初期 q_e 增长迅速,达到峰值后下降较快,但各个测量点的数值始终大于 T0P0 曲线上的各点,由此可知,在适当的工况下,超声波辅助作用可以增大脱水速率,减缓电渗流量的衰减[137]。而 T4P1 和 T4P3 曲线,q_e 在初期虽然增长迅速,但达到峰值后下降也较快,4.0 min 后 q_e 的数值均小于 T0P0 曲线的各点。这就意味着在 P1 和 P3 声强下,4.0 min 后超声波的作用会对电渗透脱水产生不利影响,应当终止超声波的能量输出。

由图 5 – 20 可知,超声波对电渗透脱水的影响主要体现在效率上。由于超声波能量的输入在一定程度上改变了污泥的内部结构,使得污泥更适合电渗透脱水过程的进行,所以在实验初期电渗流量较大,脱出液增加较快,随着实验的进行,电渗透过程逐渐占据主导地位,超声波的作用逐渐被削弱,所以后期四条曲线变化趋势相差无几。使用超声波技术时,一定要认清该项技术的优势以及劣势,选择恰当的作用方案,才能收到良好的效果。

图 5 – 20 中仅列出了有代表性的四条曲线,为了更好地对比,将全部七条曲线的极值点数据列于表 5 – 6 中。

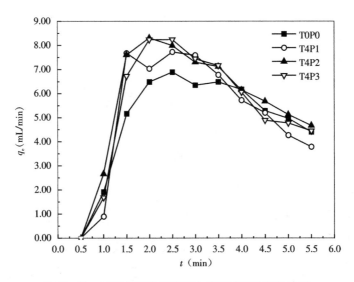

图 5 - 20　不同超声波声强下电渗流量随时间的变化

由表 5 - 6 可知,在 T4P2 工况下,极值点的数值最大,而且出现时间最早,也就是说,该工况脱水速率最大,效率最高,是最佳工况,印证了上文的结论。

表 5 - 6　q_e 曲线的极值点

工况	T0P0	T4P1	T4P2	T4P3	T4P4	T4P5	T4P6
q_e 曲线的极大值点	(2.5,6.89)	(2.5,7.73)	(2.0,8.31)	(2.0,8.24)	(3.0,8.12)	(3.0,7.47)	(3.5,7.50)

根据渗流理论可知,电渗透流量与通过多孔介质的电流变化趋势相近[77,138-139]。电渗透流速可以通过多孔介质中液相的流速计算,可用下式表示:

$$v_{eo} = \frac{D\zeta}{4\pi\mu} \cdot \frac{I}{ak_b} \tag{5-22}$$

式中:v_{eo} 为电渗透流速,m/s;D 为电场强度,V/m;ζ 为 zeta 电位,mV;μ 为液相的黏度,Pa·s;I 为电流,A;k_b 为多孔介质的电导率,S/m;a 为截面面积,m^2。

电泳的流速可以近似表示如下:

$$v_{ef} = -f\frac{D\zeta}{4\pi\mu} \cdot \frac{I}{ak_b} \tag{5-23}$$

式中 f 为介于 0 和 0.25 之间的一个系数。

根据式(5 - 22)和式(5 - 23)可知,电渗透流速与电流密切相关,因此电流也是电渗透脱水实验的重要测定参数。

超声波作用时间为 T4 时,考察超声波对电流的影响,如图 5 - 21 所示。

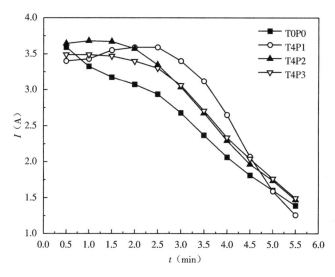

图 5 - 21 超声波作用时间为 T4 时电流随时间的变化

由图 5 - 21 可知, 只有在 T0P0 工况下电流保持近乎直线下降的趋势, 在其他加入超声波的工况下, 电流在实验开始阶段均保持 0.5 ~ 2.0 min 的平台期, 随后才开始下降。这说明在该阶段超声波的空化作用使包裹在絮体结构中的水分释放出来, 保持了水分分布的连续性, 使污泥结构更加密实[77], 减缓了电渗流量的衰减速度; 同时减缓了阳极附近的污泥干化速率, 降低了电能在已脱水污泥段的热能消耗[140], 提高了脱水效率。

超声波与电场联合作用时, 总能量的消耗包括电场的能量输出($E_电$)和超声场的能量输出($E_超$)两部分, 用 E 表示, 即

$$E = E_电 + E_超 = Pt = U \int I \mathrm{d}t \qquad (5 - 24)$$

式中: P 为超声波功率, W; t 为超声波作用时间, min。

污泥含水率采用 CJ/T 221—2005[112] 中的重量法测量; 灰分采用 CJ/T 221—2005 中的重量法测量; pH 值采用 CJ/T 221—2005 中的电极法测量。

污泥中干固体物质的平均比重, 即干污泥比重, 用 γ_s 表示, 可按下式计算:

$$\gamma_s = \frac{100\gamma_f\gamma_v}{100\gamma_v + p_v(\gamma_f - \gamma_v)} \qquad (5 - 25)$$

式中: p_v 为有机物所占的百分比, %; γ_v 为有机物的比重; γ_f 为无机物的比重。

有机物的比重一般等于 1, 无机物的比重以 2.5 计, 则式(5 - 25)可以简化为

$$\gamma_s = \frac{250}{100 + 1.5p_v} \qquad (5 - 26)$$

本实验记录开始施加电场作用时通过污泥介质的电流, 并运用下式计算污泥的

初始电阻率。需要注意的是,使用下式计算时,各个参数均为室温(20 ℃)下的测量值。

$$\rho_0 = \frac{RS}{L} = \frac{US}{IL} \qquad (5-27)$$

式中:U 为作用在介质上的电压,V;I 为通过介质的电流,A;R 为介质的电阻,Ω;S 为介质的截面面积,m^2;L 为介质的长度,m。

将图 5-21 中的初始电流值代入式(5-27)中,可以得到纪庄子污水处理厂的剩余污泥的初始电阻率 ρ_0 为 7.37 Ω·m。

已知电流随时间的变化规律,即可根据式(5-24)推导出该方法的电能消耗。由表 5-7 可知,与单纯电渗透脱水(T0P0 工况)相比,超声波耦合电渗透脱水的单位能耗要大一些。随着超声波能量的增大,单位能耗先减小后增大,在 T4P2 工况下单位能耗最小。与 T0P0 相比,T4P2 的能耗增加了约 20%,但脱出液的质量也增加了,所以单位能耗没有显著的变化,增加了约 1.6%。根据上文所得的数据,在相同的时间内,污泥含水率为 79.20%,在 T4P2 工况下污泥含水率为 72.90%,与 T0P0 工况相比含水率降低了 6.30 个百分点,而单位能耗只增加了 1.64%,所以说该工况的经济性较好。

表 5-7 能耗计算表

工况	电能(J)	超声波能量(J)	总能耗(kW·h)	脱出液质量(g)	单位渗滤液的能耗(kW·h/kg)
T0P0	45 936	—	0.012 8	29.89	0.428
T4P1	52 776	2 100	0.015 2	32.29	0.471
T4P2	51 354	4 200	0.015 4	35.37	0.435
T4P3	50 481	8 400	0.016 4	31.83	0.515
T4P4	49 379	12 600	0.018 2	30.33	0.600
T4P5	48 795	16 800	0.017 2	28.28	0.608
T4P6	51 998	21 000	0.020 3	27.57	0.736

观察各工况下的单位能耗可知,总体的范围在 0.43~0.74 kW·h/kg 脱出液,除 T4P6 外,都小于污泥热干化技术的能耗(0.617~1.200 kW·h/kg 脱出液)。所以,在选择超声波作用工况时,要注意选择合适的功率和作用时间,才能在低能耗的情况下获得好的效果。

由上文可知,在 T4P5 和 T4P6 工况下,污泥的脱水率高于 T0P0 工况,但是观察表 5-7 可知,脱出液的质量反而较小。这是因为在超声波的作用下,污泥内部会发生空化作用,在污泥介质内部产生高温高压等极端现象,功率越高,这种现象越严重,而水分在这种条件下会因为汽化作用而蒸发掉,这一部分蒸发出的水分无法统计到脱出液中,所以虽然去除的水分较多但是收集到的较少。

5.2.2　超声波预处理对污泥电脱水过程的影响

前面研究了超声波能量和电渗透能量耦合作用对污泥脱水过程的影响,本节研究两种能量的另一种作用形式——超声波预处理作用对电渗透脱水过程的影响,比较不同的作用方案下污泥最终含水率、电渗透流量以及电流的变化趋势,计算各个方案下的能耗,以期找到最佳作用方案,得到最佳脱水效果。

同时,比较本节和 5.2.1 节中的两种最佳作用方案对污泥脱水过程的影响,得到超声波能量和电渗透能量的最佳结合方式。

5.2.2.1　实验方案

与 5.2.1 节中的实验方法类似,将脱水时间、机械压力及加压时间、电压及通电时间等参数固定,以找到超声波的最佳工况。同时,本实验中超声波频率也选定为 20 kHz。与 5.2.1 节中的实验不同的是,超声波能量作用在电渗透过程的前面,即预处理。与超声波耦合电场作用不同的是,超声波预处理方面的研究较多,所以本研究的重点包括两个方面,一是找到超声波预处理的最佳作用工况,二是在此基础上对比耦合和预处理两种作用方式的差异。表 5 - 8 为实验方案。

表 5 - 8　实验方案

脱水时间(min)	0 ~ 2.5	2.5 ~ 3.5	3.5 ~ 4.5	4.5 ~ 5.0	5.0 ~ 5.5	5.5 ~ 10.5
压力(MPa)	0 ~ 0.25 min 和 5.25 ~ 5.5 min 的作用压力为 0.1 MPa					
电压(V)	—					60
超声波作用方案　T0	(P0)					—
T1	(P1、P2、P3、P4、P5、P6)	—				—
T2	(P1、P2、P3、P4、P5、P6)		—			—
T3	(P1、P2、P3、P4、P5、P6)			—		—
T4	(P1、P2、P3、P4、P5、P6)				—	—

注:(a)所有参数均在作用时间内连续。

(b)P0 表示超声波功率为 0,P1 表示超声波功率为 10 W(声强为 0.127 W/cm²),P2 表示超声波功率为 20 W(声强为 0.255 W/cm²),P3 表示超声波功率为 40 W(声强为 0.509 W/cm²),P4 表示超声波功率为 60 W(声强为 0.764 W/cm²),P5 表示超声波功率为 80 W(声强为 1.018 W/cm²),P6 表示超声波功率为 100 W(声强为 1.275 W/cm²)。

(c)T0 表示超声作用时间为 0。

5.2.2.2　超声波声强对最终含水率的影响

当辅助电渗透脱水的超声波作用方案为 T1(超声波连续作用 2.5 min)、T2(超声波连续作用 3.5 min)、T3(超声波连续作用 4.5 min)和 T4(超声波连续作用 5.5 min)时,考察不同的超声波声强(P1~P6)对污泥最终含水率的影响,空白实验为在相同条件下电渗透脱水(T0P0),结果如图 5-22 所示。

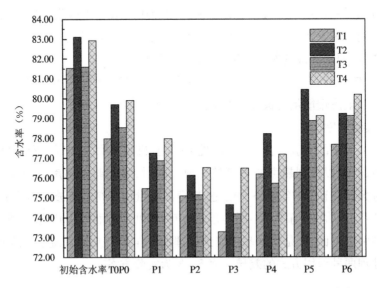

图 5-22　超声波作用方案为 T1、T2、T3 和 T4 时含水率随声强的变化

由图 5-22 可知,在 T1 方案下,T1P3 处理效果最好,污泥含水率达到 73.29%,与该方案下的 T0P0(77.98%)相比,含水率降低了 4.69 个百分点。在 T2 方案下,T2P3 处理效果最好,污泥含水率达到 74.64%,与该方案下的 T0P0(79.70%)相比,含水率降低了 5.06 个百分点。在 T3 方案下,T3P3 处理效果最好,污泥含水率达到 74.18%,与该方案下的 T0P0(78.54%)相比,含水率降低了 4.36 个百分点。在 T4 方案下,T4P3 处理效果最好,污泥含水率达到 76.49%,与该方案下的 T0P0(79.91%)相比,含水率降低了 3.42 个百分点。

观察该图可知,随着超声波声强增大,污泥含水率均先下降后上升,当声强为 P3 时,处理效果最好。各个曲线的变化趋势与图 5-16 近似,证明无论是耦合方式还是预处理方式,均存在最优工况。从原理的角度讲,二者都是通过改变污泥内部结构使污泥更适合电渗透脱水,区别在于,在耦合过程中,超声波作用可以使污泥介质更加密实,更好地保持电流连通的状态,这一点是预处理过程不具备的。

5.2.2.3　超声波作用时间对最终含水率的影响

同理,为了消除初始含水率的影响,运用式(5-19)处理每次实验所得的污泥最终含水率,得出脱水率 α_1。运用式(5-20)处理脱水率 α_1,得出脱水率增大百分比

α_1',对比不同的超声波作用时间下 α_1' 的变化规律,了解超声波作用时间对最终含水率的影响。

当超声波声强为 P1(超声波功率为 10 W)、P5(超声波功率为 80 W)和 P6(超声波功率为 100 W)时,考察不同的超声波作用时间(T1 ~ T6)对 α_1' 的影响,结果如图 5 - 23 所示。

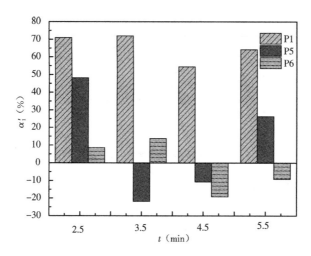

图 5 - 23　超声波声强为 P1、P5 和 P6 时 α_1' 随时间的变化

由图 5 - 23 可知,当超声波声强为 P1 时,α_1' 较大,最大值为 71.96% ,且随超声波作用时间的变化较为平缓。当超声波声强较大(P5 和 P6)时,柱状图变化较大,α_1' 出现了负值,同时最大值也较小。

对比图 5 - 17 可知,当超声波声强较大时,柱状图都出现了一定的波动,变化规律不明显。这可能是因为在声强较大的情况下,超声波的空化作用对污泥介质内部结构影响较大,使絮体结构完全解体,变成细小的颗粒,由于这种空化作用是随机发生在污泥内部的,不均匀,所以使得 α_1' 的变化呈现一定的波动性,但总体来看 α_1' 值都不大。

当超声波声强为 P2(超声波功率为 20 W)、P3(超声波功率为 40 W)和 P4(超声波功率为 60 W)时,考察不同的超声波作用时间(T1 ~ T6)对 α_1' 的影响,结果如图 5 - 24 所示。

由图 5 - 24 可知,当超声波声强适中时,α_1' 随时间的变化规律较为明显。T4P2工况下 α_1' 为 112.33% ,T2P3 工况下 α_1' 为 148.61% ,T3P4 工况下 α_1' 为 92.24% ,所以在 T2P3 作用方案下,超声波预处理对污泥电渗透脱水效果的影响最大,效果最好。

对比图 5 - 22 可知,T1P3 点和 T3P3 点的数值都比 T2P3 点的小,也就是说在T1P3 和 T3P3 工况下所得的污泥含水率都小于在 T2P3 工况下所得的污泥含水率,但

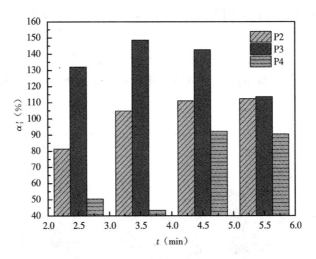

图 5 - 24　超声波声强为 P2、P3 和 P4 时 α'_1 随时间的变化

是不能据此认为前者的效果优于后者,这是因为在 T1P3 和 T3P3 的对比工况 T0P0 下所得的污泥含水率也小于在 T2P3 工况下所得的污泥含水率,所以当利用式(5 - 19)和式(5 - 20)消除污泥初始含水率和对比工况 T0P0 的影响时,T2P3 工况对电渗透脱水的积极作用就显现出来了。

图 5 - 24 的峰值变化与图 5 - 23 相比较为明显,但不如图 5 - 18 更为显著,即超声波作用时间对 α'_1 影响不大。这是因为耦合的双重功效使 α'_1 对时间的变化更加敏感。当超声波声强为 P2,作用时间由 2.5 min 增长到 3.5 min 时,预处理的 α'_1 由 132.07% 增大到 148.61%,而耦合作用的 α'_1 由 67.34% 增大到 114.74%,增大了近一倍。

为了更加直观地了解二者共同的影响,以超声波作用时间和超声波声强为横坐标,α'_1 为纵坐标,作图 5 - 25。

由图 5 - 25 可知,在不同的超声波声强下,最佳作用时间也是不同的,随着超声波声强的增大,最佳处理时间逐渐缩短。总的来看,超声波预处理的最佳工况为 T2P3(超声波预处理作用 3.5 min,超声波功率为 40 W)。

5.2.2.4　超声波作用对电渗流量、电流和能耗的影响

根据实验记录的各个时刻下脱出液的质量,运用式(5 - 21)计算出电渗流量 q_e。电渗流量 q_e 随时间的变化规律如图 5 - 26 所示。为了更好地观察变化规律,图 5 - 26 选取 T0P0、T2P2、T2P3、T2P4 四个工况下的 q_e 曲线。

由图 5 - 26 可知,各条电渗流量曲线的变化趋势均为先上升后下降。在 T0P0 工况下,在电渗透脱水初期(1.5 min 内)电渗流量增长较快,峰值较小,在脱水后期(4.0 min 后)电渗流量衰减较快。T2P2 和 T2P4 曲线变化趋势相近,峰值较大,后期

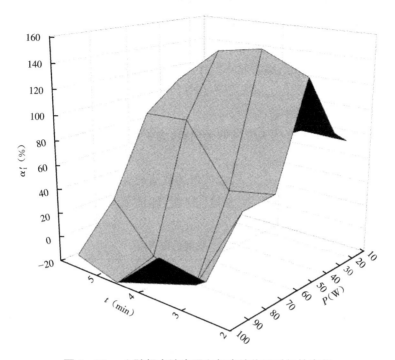

图 5 – 25 α_1' 随超声波声强和超声波作用时间的变化

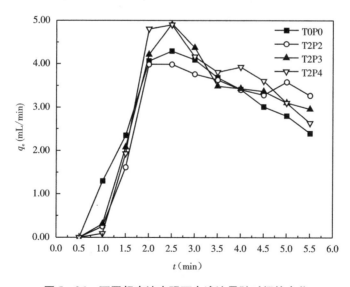

图 5 – 26 不同超声波声强下电渗流量随时间的变化

衰减较快,而 T2P2 曲线变化较为平缓,虽然峰值较小,但在脱水后期电渗流量衰减较慢,而且实验终止时曲线数值最大。

对比图 5 – 20 可知,超声波耦合电渗透处理时,是否施加超声波对电渗流量影响很大,尤其是在实验中段(1.5~4.0 min),T4P1、T4P2 和 T4P3 工况的电渗流量值明显大于 T0P0。而超声波预处理时,四条曲线变化趋势相近,各个点数值相差不大,在脱水初期(1.5 min 内),T0P0 曲线还高于其他曲线,这是因为超声波的空化作用使污泥内部产生一些小的气泡,随着超声波作用的停止和电场作用的开始,这些气泡很快破裂,其中的气体随之逸出。这些气泡和气体会增大污泥的电阻,在脱水初期对电渗透作用产生一定的负面影响。

图 5-26 中仅列出了有代表性的四条曲线,为了更好地对比,将全部七条曲线的极值点数据列于表 5-9 中。

由表 5-9 可知,在 T2P3 工况下,极值点的数值最大,而且出现时间最早,也就是说,该工况脱水速率最大,效率最高,是最佳工况,印证了上文的结论。

表 5-9　q_e 曲线的极值点

工况	T0P0	T2P1	T2P2	T2P3	T2P4	T2P5	T2P6
q_e曲线的极大值点	(2.5,4.29)	(2.0,4.86)	(2.5,3.99)	(2.5,4.93)	(2.5,4.90)	(3.0,4.68)	(3.0,4.31)

对比表 5-6 可知,超声波耦合电渗透处理时,q_e 曲线的极值点数值较大,曲线坡度较大,起伏明显,而超声波预处理时,q_e 曲线的极值点数值较小,曲线变化较为平缓。

超声波作用时间为 T2 时,考察超声波对电流的影响,如图 5-27 所示。

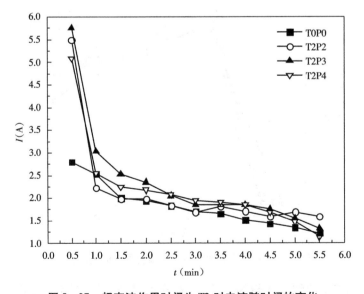

图 5-27　超声波作用时间为 T2 时电流随时间的变化

由图 5-27 可知,在 T0P0 工况下,初始电流较小,且衰减较快,实验结束时,电流数值较小。在超声波预处理的作用下,污泥内部结构发生变化,电阻减小,更适合电渗透作用的进行,所以初始电流较大。随着实验的进行,在电场的作用下,超声波对污泥内部结构的改变逐渐被消除,所以 1.5 min 后,四条曲线变化趋势相近,数值相差较小。

对比经过超声波预处理情况下三条曲线的初始电流值可发现,T2P3 的初始电流最大,初始电导率最小,说明经过这种预处理,污泥更适合电渗透脱水的进行。

对比图 5 - 21 可知,在单纯电渗透作用下,两条曲线变化趋势相近,直接进入衰减期。超声波耦合电渗透处理时,电流在实验开始阶段均保持 0.5 ~ 2.0 min 的平台期,随后才开始下降。而超声波预处理时,电流曲线没有平台期,初始值很大,随后迅速衰减。

已知电流随时间的变化规律,即可根据式(5 - 24)推导出该方法的电能消耗。

由表 5 - 10 可知,与单纯电渗透脱水(T0P0 工况)相比,超声波预处理的单位能耗要大一些。随着超声波能量的增大,单位能耗上升。

表 5 - 10　能耗计算表

	电能(J)	超声波能量(J)	总能耗(kW·h)	脱出液的质量(g)	单位渗滤液的能耗(kW·h/kg)
T0P0	40 391	—	0.011 2	28.12	0.399
T2P1	40 852	2 100	0.011 9	29.46	0.405
T2P2	44 632	4 200	0.013 5	30.62	0.443
T2P3	49 157	8 400	0.015 9	32.83	0.487
T2P4	44 717	12 600	0.015 9	28.33	0.562
T2P5	44 742	16 800	0.017 0	23.45	0.729
T2P6	40 849	21 000	0.017 1	21.72	0.791

观察各工况下的单位能耗可知,T2P1、T2P2、T2P3 和 T2P4 的能耗范围为 0.300 ~ 0.600 kW·h/kg 脱出液,而 T2P5 和 T2P6 工况的能耗都大于污泥热干化技术的最低能耗(0.617 kW·h/kg 脱出液),所以不适合工业化运行。

与 T0P0 相比,T2P1 的总能耗增加了 6.25%,T2P2 的总能耗增加了 20.54%,T2P3 的总能耗增加了 41.96%,T2P4 的总能耗增加了 41.96%,但由于脱出液的质量也相应地增加了,所以单位能耗分别增加了 1.50%、11.03%、22.06% 和 40.85%。从能耗的角度来说,T2P1 工况最好,T2P2、T2P3 和 T2P4 工况能耗略高。

5.2.3　超声波预处理与超声波耦合作用对电渗透脱水影响的比较

为了更直观地了解超声波预处理和超声波耦合作用对电渗透脱水过程的影响,现在将两种方案中的最佳工况曲线作比较。为了便于区分,耦合方案下声强为0.255 W/cm²(功率为 20 W)、作用时间为 3.5 min 的工况记作 t4p2;预处理方案下声强为 0.510 W/cm²(功率为 40 W)、作用时间为 3.5 min 的工况记作 T2P3。

1)比较两种工况下超声波声强对最终含水率的影响

比较超声波声强对最终含水率的影响,如图 5 – 28 所示。

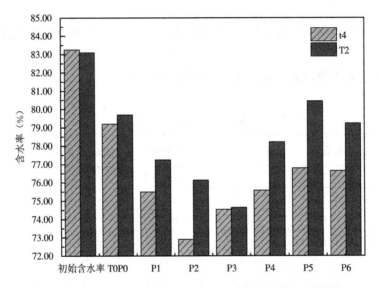

图 5 – 28　超声波作用方案为 t4 和 T2 时含水率随声强的变化

由图 5 – 28 可知,在两种作用方案下,含水率随声强的变化近似。在耦合作用(t4 曲线)下,污泥的最终含水率在超声波声强为 P2 时达到最低点,而在预处理作用(T2 曲线)下,污泥的最终含水率在超声波声强为 P3 时达到最低点。由此可知,在预处理条件下需要更大的超声波能量输出,才能获得更好的效果。这是因为超声波预处理只是单纯的声波能量对污泥内部结构的影响,而耦合作用时声波能量具有双重功效,既改变了污泥内部结构,又强化了电场的作用,所以需要更少的能量即可获得更好的效果。

当超声波能量超过最佳点时,在预处理作用(T2 曲线)下污泥最终含水率迅速上升,即作用效果迅速恶化,而耦合作用下的 t4 曲线上升较缓,所以选择预处理作用方案时,更需要注意超声波能量的选择。

观察可知,在 t4p2 工况下,最终含水率为 72.91%,在 T2P3 工况下,最终含水率为 74.64%,效果相差不大,但需要注意的是,t4p2 工况的时间为 5.5 min,T2P3 工况的时间为 8.5 min,由此可见 t4p2 工况的效率高于 T2P3。

2)比较两种工况下超声波作用时间对最终含水率的影响

比较超声波作用时间对最终含水率的影响,同样选择 α_1' 作为评价指标,结果如图 5-29 所示。

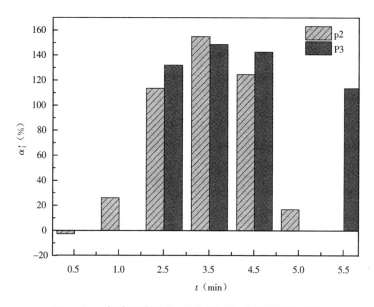

图 5-29　超声波声强为 p2 和 P3 时 α_1' 随时间的变化

由图 5-29 可知,p2 曲线数据点较多,P3 曲线数据点较少,均有明显的峰值,这是因为不管是耦合作用还是预处理作用,超声波能量对污泥介质内部的影响都是相似的,即可认为 α_1' 随时间变化的规律也是近似的。观察超声波声强为 p2 时 α_1' 随时间的变化,可知曲线只有一个峰值,所以研究超声波声强为 P3 时 α_1' 随时间的变化,通过少量的实验即可了解曲线的变化趋势,得到曲线的峰值。

3)比较两种工况下超声波作用对电渗流量的影响

比较超声波作用对电渗流量的影响,如图 5-30 所示。

由图 5-30 可知,两条曲线变化趋势近似,但 t4p2 曲线明显高于 T2P3 曲线,说明耦合作用对电渗透脱水作用的影响更明显。

4)比较两种工况下超声波作用对电流的影响

比较超声波作用对电流的影响,如图 5-31 所示。

由图 5-31 可知,在 t4p2 工况下,曲线在实验初期有一段平台期,之后缓慢下降,而在 T2P3 工况下,曲线在实验开始阶段电流数值很大,没有经历平台期就立刻下降,初始阶段下降较快,之后下降变缓。实验结束时,二者电流数值相近。这是因

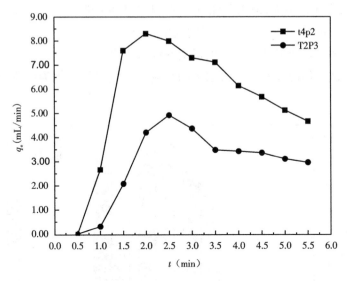

图 5 - 30　不同超声波声强下电渗流量随时间的变化

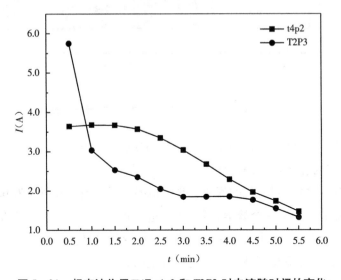

图 5 - 31　超声波作用工况 t4p2 和 T2P3 时电流随时间的变化

为在耦合作用下,超声波与电场一起改变污泥内部结构,电场的作用使污泥内部水分减少,电阻增大,电流减小,超声波的作用使污泥内部的结合水分流出,同时使污泥内部的水分均匀分布,减缓电流的减小速率,所以才会出现平台期;而在预处理期间只有超声波改善污泥内部结构,所以初始电流很大,电场作用后,电流迅速减小。

　　5)比较两种工况下的能耗

　　比较二者的能耗,如表 5 - 11 所示。

　　由表 5 - 11 可知,t4p2 工况的单位能耗与 T2P3 工况相比减小了 10.68% 。

表 5 – 11　能耗计算表

	电能(J)	超声波能量(J)	总能耗(kW·h)	脱出液质量(g)	单位渗滤液的能耗 (kW·h/kg)
t4p2	51 354	4 200	0.015 4	35.37	0.435
T2P3	49 157	8 400	0.015 9	32.83	0.487

综上所述,耦合作用的效率高于预处理作用,电流变化较为平稳,而且单位能耗较低。可以认为 t4p2 工况为超声波作用的最佳工况。

5.2.4　小结

(1)超声波能够配合电场作用,降低污泥含水率,但具有两面性,即存在恰当的超声波声强和作用时间,使得超声波能量破坏污泥絮体结构,释放一部分表面水,增强污泥絮凝性能,促进电渗透脱水进行。在本实验范围内,超声波能够对电渗透脱水(压力 0.1 MPa,电压 60 V)产生积极作用的最佳条件为 20 kHz,声强 0.255 W/cm^2(功率 20 W),作用时间 3.5 min,此时污泥最终含水率为 72.90%。

(2)超声波作用减小了电流衰减的速率,增大了电渗流量上升的速率,增强了污泥内部电流的连通性,使水分能够更快速地脱出。

(3)与单纯电渗透脱水相比,超声波辅助电渗透脱水没有产生更多的额外能耗,在最佳工况下单位能耗只增加了 1.64%。

(4)超声波预处理作用能够对电渗透脱水作用产生积极的作用,降低污泥含水率,但具有两面性,即存在恰当的超声波声强和作用时间。在本实验范围内,超声波预处理能够对电渗透脱水(压力 0.1 MPa,电压 60 V)产生积极作用的最佳条件为 20 kHz,声强 0.510 W/cm^2(功率 40 W),作用时间 3.5 min,此时污泥最终含水率为 74.64%。

(5)超声波预处理作用在电渗透脱水初期对其产生了积极的影响,污泥初始电阻减小了一半,初始电流增大了一倍,更有利于电渗透脱水的进行。

(6)与单纯电渗透脱水相比,超声波预处理能耗偏高,在最佳工况下,单位能耗增加了约 22.06%。

(7)与超声波耦合作用相比,预处理作用对污泥电渗透脱水作用的影响偏弱,且单位能耗与前者相比增加了 11.95%,所以从技术的角度来讲不如前者。

5.3　化学调质对污泥电脱水的影响

活性污泥经重力浓缩之后仍然有 95% ~99% 的含水率,其中一部分水包裹在 EPS 中,加上污泥颗粒细小,污泥脱水变得困难。为了实现污泥的高干脱水,通常向污泥中加入无机或有机絮凝剂,以破坏 EPS 结构或促进大颗粒污泥絮体结构的形成,减小脱水阻力。近几十年,高分子有机絮凝剂由于用量少且易生物降解获得了广泛的市场。

　　单一高分子絮凝剂对污泥的调质主要通过电性中和和架桥实现[141]。絮凝剂用量的控制非常重要,一旦过量,不仅增加污泥脱水成本,而且使脱水能力下降;絮凝剂用量和污泥表面电荷及所形成絮体的大小有关[142]。有研究者提出双重絮凝可以改善污泥的絮凝能力[143],污泥经过无机盐或阳离子表面活性剂预调质,然后由阳离子高分子聚合物絮凝可以提高污泥的脱水性能[144]。双重阳离子高分子絮凝剂(一个高分子量,另一个低分子量)比单一高分子絮凝剂更有效,不仅可以降低含水率,而且可以减小带式过滤介质上的细小颗粒[145]。阴离子和阳离子高分子絮凝剂对河道淤泥同时调质脱水效果更好,但是对市政污泥却没有产生很好的效果[125]。双重絮凝调质系统可以减小絮凝剂的用量或者达到更好的脱水效果,但是目前其调质机理还不明确。

　　尽管不同的研究者均报道污泥调质对电渗透脱水是有益的[75, 124, 146-147],但是絮凝剂和电渗透脱水之间存在的相互作用还不完全清楚。因此本节主要考察双重絮凝调质对污泥电渗透脱水的影响。

5.3.1　实验方法

5.3.1.1　污泥的化学调质

　　1)阳离子聚丙烯酰胺(0.1%)对污泥的调质

　　取 300 mL 浓缩后的污泥分别放入 6 个 500 mL 的烧杯中,向 6 个烧杯中分别加入占污泥干固体(DS)质量 0%、0.1%、0.3%、0.5%、0.7% 和 1% 的阳离子聚丙烯酰胺(PAM)溶液(0.1%),在 270 r/min 下搅拌 1 min 使絮凝剂和污泥快速混合,随后在 35 r/min 下慢速搅拌 10 min 以促进污泥絮体的增大。静置片刻,调质后的污泥每次取 100 mL 在 80 kPa 的真空度下真空抽滤 5 min,共抽滤 3 次。将脱水后的泥饼混匀,以备随后进行电渗透脱水。

　　2)阴离子、阳离子聚丙烯酰胺(0.1%)对污泥的双重调质

　　取 300 mL 浓缩后的污泥,絮凝剂总量按 1)确定的最佳量投加,阴离子聚丙烯酰胺与阳离子聚丙烯酰胺以 1:20、1:10、1:5 和 1:4 的比例先后加入污泥中。其中加阴离子聚丙烯酰胺时快速搅拌,混合均匀后放置 10 min 加入阳离子聚丙烯酰胺,具体絮凝操作步骤与 1)相同。

　　3)$Al_2(SO_4)_3$ 和阳离子聚丙烯酰胺(0.1%)对污泥的双重调质

　　取 300 mL 浓缩后的污泥加入 $Al_2(SO_4)_3$ 溶液混凝,加入的 $Al_2(SO_4)_3$ 的浓度分别为 125、250、500 和 1 000 mg/L。静置 10 min 后,按 1)确定的最佳投加量加入阳离

子聚丙烯酰胺絮凝,其余操作步骤同 1)。

4)石灰和阳离子聚丙烯酰胺(0.1%)对污泥的双重调质

取 300 mL 浓缩后的污泥,分别按污泥固体质量的 20%、40%、60%、80% 和 100% 加入 $CaCO_3$ 固体。静置 10 min 后,按 1)确定的最佳投加量加入阳离子聚丙烯酰胺絮凝,其余操作步骤同 1)。

5.3.1.2　污泥的电渗透脱水

将经真空抽滤脱水后的泥饼布置成厚 5 mm 的长方体状。电渗透脱水时阳极为镀铱钛网,阴极为 400 目不锈钢网。外加电压为 10 V,脱水时间为 6 min。

5.3.1.3　分析项目

1)结合水含量的测定

采用离心法进行测定,取 100 mL 污泥在离心力为 2 800 g 下离心 30 min,用总水量减去上清液水量即为结合水量[148-150]。

2)粒度的测定

采用马尔文 MS2000 激光粒度分析仪测定。

3)流动电势的测定

使用真空抽滤装置,分别在污泥上、下两侧放置不锈钢网(12 目)作为阴、阳极,万用表的两电极分别接在阴、阳极上,污泥的流动电势直接在万用表上读数。用一个螺线管阀来控制滤液出口。在实验过程中,提供 80 kPa 的压力,以加速污泥过滤[151]。

5.3.2　有机聚电解质对污泥电渗透脱水的影响

5.3.2.1　阳离子 PAM 对污泥电渗透脱水的影响

图 5-32 显示了不同阳离子 PAM 投加量下污泥含水率随时间的变化。从图上可以看出,不加絮凝剂的原泥、加占污泥干固体质量 0.1% 和 0.3% 的阳离子 PAM 的污泥含水率下降曲线的斜率大致相等,这意味着污泥电渗透脱水速率几乎是相同的。而投加占污泥干固体质量 0.5% 的阳离子 PAM 的污泥含水率下降曲线的斜率较小,污泥电渗透脱水速率较小。因而当絮凝剂投加量控制在占污泥干固体质量 0.3% 以内时,污泥电渗透脱水速率不受絮凝剂的影响,受絮凝剂影响的只是机械脱水。

图 5-33 显示了阳离子 PAM 投加量对污泥最终含水率的影响。从图上可以看到,随着絮凝剂投加量的增加,机械脱水(真空过滤)后污泥含水率逐渐降低,当絮凝剂投加量增加到占污泥干固体质量 0.3%(即 3 g/kg DS)时,电渗透脱水后污泥最终含水率达到最低,随着絮凝剂投加量的增加,污泥最终含水率反而开始升高。由实验结果可知,电渗透脱水后,不加絮凝剂的原泥含水率从 83.8% 降到 64.8%;絮凝剂投加量为 0.3%(即占污泥干固体质量的 0.3%,下同)时,污泥含水率从 80.0% 降到

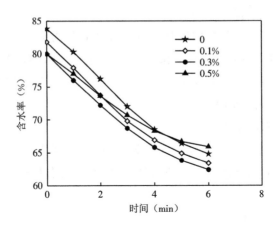

图 5 - 32　不同阳离子 PAM 投加量下污泥含水率随时间的变化

62.4%；投加量为 0.5% 时,污泥含水率从 80.0% 降到 65.9%；而投加量为 0.1% 时,污泥含水率从 78.9% 降到 63.7%。可见,絮凝剂过量虽然导致机械脱水污泥更低的含水率,但从随后的电渗透脱水及絮凝剂投加成本来说却是不利的。因此,阳离子 PAM 的投加量应该控制在 0.3%。

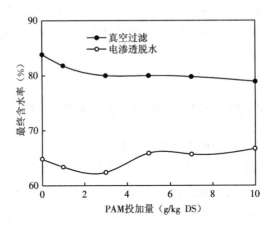

图 5 - 33　阳离子 PAM 投加量对污泥最终含水率的影响

　　增大阳离子 PAM 投加量使电渗透脱水恶化的原因,可能与污泥中水分的存在形态、污泥颗粒的粒度及污泥的流动电势有关。图 5 - 34 为阳离子 PAM 投加量对污泥结合水含量的影响。污泥中的水分可简化为自由水和结合水两部分。从图上可以看出,随着阳离子 PAM 投加量的增加,污泥中结合水的含量逐渐减小,当投加量增加至 0.5%(即 5 g/kg DS)时,结合水含量随投加量的增加变化不大。污泥中的部分结合水释放转化为自由水,使污泥机械脱水速率增大。絮凝剂投加量控制在 0.3% 以内时,污泥结合水含量减小,然而电渗透脱水速率却是相等的;当投加量大于 0.5% 时,污泥结合水含量变化不大,但电渗透脱水速率却逐渐减小,因而污泥中的结合水含量对电渗透脱水影响不大。

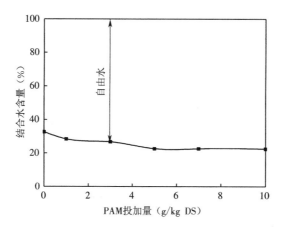

图 5-34　阳离子 PAM 投加量对污泥结合水含量的影响

图 5-35 为不同阳离子 PAM 投加量下污泥的粒径分布。从图上可以看出,随着阳离子 PAM 投加量的不断增加,污泥的粒径不断增大。结合三种投加量下污泥的电渗透脱水速率,得出污泥粒径对污泥电渗透脱水没有影响。

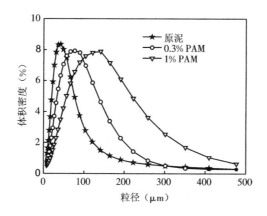

图 5-35　不同阳离子 PAM 投加量下污泥的粒径分布

Agerbaek 等指出流动电势是评价污泥表面电荷的一种有效工具[152]。实验确定脱水过程中的流动电势为螺线管阀关闭时的非对称电位和螺线管阀开启时的电位之差。通过多孔物料的流动电位 U_{str}(V)和毛细管的 zeta 电位 ξ 有关[153]:

$$U_{str} = \frac{\varepsilon \xi p}{\eta k} \tag{5-28}$$

式中:p 是水压,Pa;k 是电导率,S/m。参数 k 受管道直径及污泥絮体几何分布等未知因素的影响[154]。

　　图 5-36 显示了阳离子 PAM 投加量与污泥流动电势的关系。从图上可以看出,随着阳离子 PAM 投加量的逐渐增大,污泥的流动电势由负值逐渐向正值增大。当阳离子 PAM 投加量为 0.5% (即 5 g/kg DS)时,污泥的流动电势变为正值,这意味着污泥絮体的外表面开始带正电荷。继续增加絮凝剂的投加量,污泥流动电势增大缓慢。由式(5-28)可知,污泥的流动电势与其 zeta 电位成正比;而根据 H-S 等式[式(3-11)],电渗透脱水速率与污泥的 zeta 电位成正比。因而不同阳离子 PAM 投加量下污泥的电渗透脱水速率与其流动电势的变化规律应该是一致的。Saveyn 等认为,当絮凝剂投加量较小时,调质污泥絮体的流动电势和电泳淌度是完全相当的,这是由于污泥絮体之间形成大的孔道,污泥毛孔的表面电荷相当于污泥絮体外表面的电荷[73]。

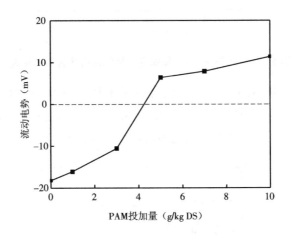

图 5-36　阳离子 PAM 投加量与污泥流动电势的关系

5.3.2.2　阴离子 PAM 对污泥电渗透脱水的影响

　　图 5-36 说明,阳离子 PAM 的投加量影响到污泥表面负电荷的数量。电渗透脱水速率较大;而污泥表面电荷转化为正电荷时,电渗透脱水速率减小。因而增加污泥表面的负电荷是否有利于电渗透脱水成为考察的主要目标。

　　图 5-37 显示了添加不同比例的阴离子 PAM 时电渗透脱水过程中污泥含水率随时间的变化。从图上可以看出,添加一定比例的阴离子絮凝剂可以提高电渗透脱水速率。当添加占污泥干固体质量 0.3% 的絮凝剂,其中阴离子与阳离子 PAM 质量比为 1:4 时,电渗透脱水速率最大。

　　图 5-38 显示了添加不同比例的阴离子 PAM 对污泥电渗透脱水后最终含水率的影响。从图上可以看到,随着阴离子 PAM 比例的增大,污泥电渗透脱水后的含水率减小到一个稳定值不再发生变化,而污泥机械脱水后的含水率却在增大。由实验结果可知:不加阴离子 PAM 电渗透脱水时,污泥含水率从 79.8% 降到 62.4% ;阴离

子与阳离子 PAM 质量比为 1∶10 时,污泥含水率从 79.9% 降到 60.7% ;阴离子与阳离子 PAM 质量比为 1∶5时,污泥含水率从 81.0% 降到 60.9% ;阴离子与阳离子 PAM 质量比为 1∶4时,污泥含水率从 82.3% 降到 60.8% 。因而,阴离子 PAM 的投加对污泥机械脱水是不利的,但对电渗透脱水来说反而是有利的。

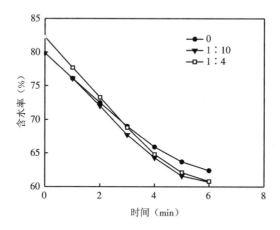

图 5 – 37　添加不同比例的阴离子 PAM 时电渗透脱水过程中污泥含水率随时间的变化

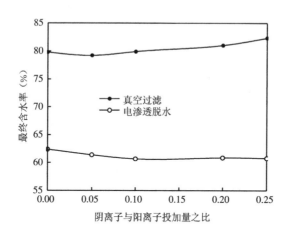

图 5 – 38　阴离子 PAM 的投加量对污泥脱水最终含水率的影响

5.3.3　无机电解质 $[Al_2(SO_4)_3]$ 对污泥电渗透脱水的影响

图 5 – 39 显示了电渗透脱水过程中不同 $Al_2(SO_4)_3$ 投加量下污泥含水率随时间的变化。从图上看出,随着污泥中 $Al_2(SO_4)_3$ 量的增加,污泥电渗透脱水速率逐渐减小,当 $Al_2(SO_4)_3$ 量增加到 500 mg/L 时,污泥电渗透脱水速率变化很小。因而,无机电解质的添加不利于污泥电渗透脱水。

图 5 – 40 显示了 $Al_2(SO_4)_3$ 投加量对污泥脱水后最终含水率的影响。从图上可

以看出,当 $Al_2(SO_4)_3$ 投加量从 0 增加到 1 000 mg/L 时,机械脱水后污泥的含水率变化不大,然而电渗透脱水后污泥的含水率却逐渐升高。由实验结果可知,当不添加 $Al_2(SO_4)_3$ 电渗透脱水时,污泥含水率从 80.2% 降到 62.2%;当 $Al_2(SO_4)_3$ 投加量为 125 mg/L 时,污泥含水率从 80.4% 降到 64.9%;当 $Al_2(SO_4)_3$ 投加量为 1 000 mg/L 时,污泥含水率从 80.0% 降到 66.8%。

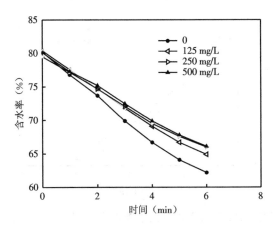

图 5 - 39　不同 $Al_2(SO_4)_3$ 投加量下污泥含水率随时间的变化

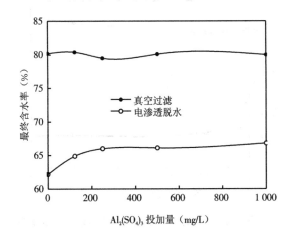

图 5 - 40　$Al_2(SO_4)_3$ 投加量对污泥脱水后最终含水率的影响

5.3.4　灰分对污泥电渗透脱水的影响

污泥中无机物含量的变化通过向污泥中投加 $CaCO_3$ 固体实现,其投加量按照污泥干固体质量的百分比来计算。调质后污泥中无机物的含量在 500 ℃ 的马弗炉中烧失测定。图 5 - 41 为污泥灰分对污泥脱水的影响。图中 Δw 表示电渗透脱水过程中污泥含水率的降低值。从图上可以看到,经机械脱水的污泥的含水率的变化趋势与经电渗透脱水的污泥相似:随着污泥中灰分的增加,污泥脱水的最后含水率逐渐减小,Δw 从最开始的 16.5% 减小到 12.5%。根据实验结果,当原始污泥不加 $CaCO_3$(即无机物含量为 52.4%)时,污泥电渗透脱水含水率从 78.3% 降到 61.8%;当投加占干固体质量 20% 的 $CaCO_3$(即无机物含量为 58.7%)时,污泥含水率从 74.8% 降到 60.0%;当投加占干固体质量 80% 的 $CaCO_3$(即无机物含量为 69.9%)时,污泥含水率从 64.3% 降到 52.0%。污泥中无机物含量的变化对机械脱水影响很大,但对电渗透脱水的影响不是很明显。

图 5-42 为 $CaCO_3$ 投加量对污泥 pH 值和电导率的影响。从图上可以看出,随着 $CaCO_3$ 投加量的增加,污泥 pH 值略微增大,而电导率稍微有所减小。因而,$CaCO_3$ 的投加对污泥的性质改变不大。

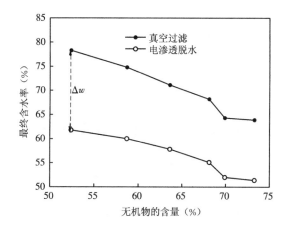

图 5-41　污泥中无机物的含量对污泥最终含水率的影响

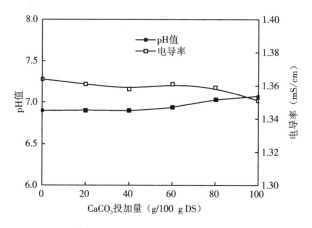

图 5-42　$CaCO_3$ 投加量对污泥 pH 值和电导率的影响

5.3.5　小结

（1）当阳离子 PAM 投加量小于 0.3% 时,污泥电渗透脱水速率几乎是相等的;但随着阳离子 PAM 投加量的增大,污泥电渗透脱水速率减小。当阳离子 PAM 投加量为 0.3% 时,污泥电渗透脱水后含水率最低。

（2）絮凝剂中添加一定比例的阴离子 PAM 可以增大电渗透脱水速率,但阴离子 PAM 的添加对污泥机械脱水是不利的。因而,阴离子 PAM 与阳离子 PAM 的投加量之比以 1∶10 为最佳。

（3）用 $Al_2(SO_4)_3$ 和阳离子 PAM 双重絮凝时,随着 $Al_2(SO_4)_3$ 投加量的增大,污泥电渗透脱水速率逐渐减小。

（4）污泥的流动电势对电渗透脱水影响显著,当流动电势为负值时,电渗透脱水速率较大;当流动电势转变为正值时,污泥电渗透脱水速率减小。而污泥中结合水含量及固体颗粒粒度对电渗透脱水影响不大,但是对污泥机械脱水影响显著。

（5）污泥中的灰分对电渗透脱水影响不大,但是对机械脱水影响显著。

5.4　间断供电方式对污泥电脱水的影响

如前文所述,在进行污泥电脱水时,由于水分的移动方向是由阳极向阴极,所以会出现阳极过分干化现象。阳极过分干化之后,一方面大大增大了泥饼的电阻,另一方面使得水分分布非常不均匀,这种水分的梯度分布会使阴极附近的水分有向阳极方向回流的趋势。这种趋势对水分的分离脱出是一种阻力,可是如果能利用这种回流现象使泥饼的水分分布更均匀,那么对污泥电脱水就会有促进作用。基于这种现象,间断供电的想法应运而生,即在污泥电脱水的过程中,间歇性地停止供电一段时间,使水分在一定程度上向阳极方向回流,以减小泥饼的电阻,从而在整体上提升电脱水效果。

从电渗模型的角度也可以解释间断供电改善电脱水效果的现象。自污泥电脱水技术被研发以来,有过很多关于电渗模型的研究,其中 Weng[155] 等人结合渗流理论,提出了计算污泥脱水速率的模型:

$$Q_e = \frac{\xi \varepsilon q}{4\eta} \cdot \frac{E}{L} A \qquad (5-29)$$

式中:Q_e 为脱水速率,cm^3/s;ξ 为污泥的 zeta 电位;η 为液体的黏度,$Pa \cdot s$;ε 为孔隙度;q 为与污泥的物理性质相关的经验常数;E 为施加在电渗层的电压,V;L 为泥饼的厚度,cm;A 为横截面面积,cm^2。

由式(5-29)可得,脱水速率与所施加的电压成正比。然而随着电脱水的进行,水分富集到阴极附近,泥饼中的水分分布越来越不均匀,阳极附近的污泥干化严重,电阻大大增大。基于电学原理,这部分泥饼会分走大部分电压,却无法脱除更多水分,严重影响了脱水效果。苑梦影[156]将这种现象极端化,把泥饼划分为阳极腐蚀层和正脱水层,如图 5-43 所示,这样可以更清晰地说明这种现象。

图 5-43 电脱水泥饼模型示意

阳极腐蚀层和正脱水层可以看作串联的两个电阻,由于干化严重,阳极腐蚀层的电阻迅速增大,导致整体电流大幅减小,正脱水层的电流和所分电压随之减小。在电脱水中采用间断供电的方式,可以简化理解为利用水分的回流减小阳极腐蚀层所占的比例,减小电阻,增大电流,从而增大正脱水层的分压,达到优化脱水效果的目的。从这个角度来看,电流的大小既能表征脱水速率的大小,又可以看作电脱水过程中比电压更为直观的驱动力。

应用固定平板电极推送式污泥电脱水设备时,采取间断供电的操作条件,可以提升设备的污泥脱水效果。接下来将详细讨论间断供电对污泥电脱水效果的影响。目前,还没有针对间断供电对污泥电脱水的影响的系统研究,仅有初步的验证性实验,没有可供参考的数据。在本节的研究中将污泥电脱水的供电方式具化为单次供电时间和占空比两个参数,研究脱水参数的改变对脱水效果的影响,并找到较优的脱水参数,以提高固定平板电极推送式污泥电脱水设备的脱水能力,并为今后的电脱水研究以及工程应用提供参考数据和理论依据。

5.4.1 实验装置

实验装置如图 5-44 所示。脱水设备的主体部分由筒套、活塞、阳极板和阴极板组成,筒套和活塞的材质为聚丙烯树脂,筒套的内径为 75 mm,外径为 150 mm,高 60 mm。阳极采用钛基铱涂层金属板,阴极采用覆盖 200 目不锈钢网的不锈钢多孔板

（开孔情况为直径为 75 mm 的钢板上有 145 个直径为 3 mm 的小孔）。由一台空压机给气缸提供压力，压力大小由泄压阀控制，气缸驱动活塞挤压泥饼。直流恒压电源（北京大华无线电仪器厂，DH1716A - 10）连接阴、阳极板提供电压。热电偶放置在阴极处，与泥饼直接接触。脱水设备下方有收集渗滤液的容器，并用电子天平（美国双杰测试仪器厂，JJ1000）实时计量渗滤液的质量。万用表（胜利仪器，VC86E）串联于电路中用于测定电流值。热电偶、电子天平、电流表与电脑连接，电脑接收并记录测量数据，频率为每秒一次。

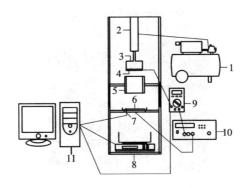

1—空压机;2—气缸;3—活塞;4—阳极板;5—筒套;6—阴极板;7—热电偶;
8—电子天平;9—万用表;10—直流电源;11—电脑

图 5 - 44　实验装置示意

5.4.2　实验方法

　　进行实验时，先根据所需泥饼厚度向筒套内加入一定质量的污泥，然后调节泄压阀，给污泥泥饼施加一定的压力，本实验采用固定的初始泥饼厚度和机械压力，分别为 1 cm 和 0.1 MPa。调节好压力后，先对泥饼进行 30 s 的预压处理，此时不通电，施压 30 s 后开始供电，同时开始计时。为了更好地量化间断供电，设置了单次供电时间(t_e)和占空比(r_t)两个参数，具体实验方案如图 5 - 45 所示。

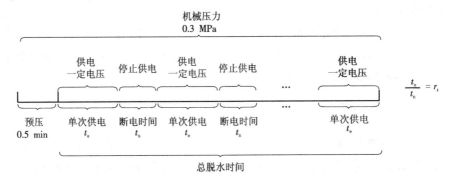

图 5 - 45　具体实验方案示意

　　当电流小于 0.4 A 或 30 s 没有渗滤液脱出时彻底停止供电,此时的总脱水时间记为 t。随后进行数据的保存,并用重量法测定脱水后的污泥含水率。经过初期的探索性实验发现,单次通电时间不宜超过 1 min,占空比不宜小于 1∶1,结合适当的跨度,参数设置为单次供电时间 t_e 分别为 60 s、40 s、20 s、10 s,占空比 r_t 分别为 1∶1、4∶3、2∶1、4∶1、8∶1。

5.4.3　占空比对电脱水效果的影响

　　为了探究占空比对污泥电脱水效果的影响,本节选取在电压梯度为 40 V/cm、单次供电时间为 40 s 的操作条件下的 6 组实验结果进行分析。实验结果如图 5-46、图 5-47 所示。

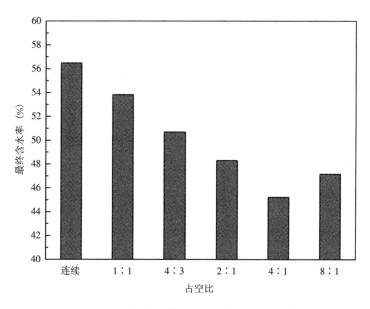

图 5-46　占空比对污泥最终含水率的影响

　　由实验结果可知,当采用连续通电的供电形式时,污泥的最终含水率可以从 85% 左右降到 56.49%。间断供电时,污泥电脱水后的含水率有了明显的下降,其中当占空比为 4∶1 时,含水率可以降到 45.23%。但间断供电比连续供电需要更多的时间。连续供电时,通电 440 s 后达到脱水极限,而间断供电时所需时间出现了不同幅度的增加,其中占空比为 1∶1 时需要 920 s。值得注意的是,如果将一次通电加一次断电算作一个周期,占空比为 1∶1、4∶3 的 2 组实验经历了 12 个周期,其他 3 组间断供电实验经历了 13 个周期。间断供电可以提高污泥的脱水率,同时会消耗更多的电能,连续供电时脱除单位质量水分的耗电量为 0.158 kW·h/kg,占空比为 4∶1 的实验中这个值达到 0.184 kW·h/kg。

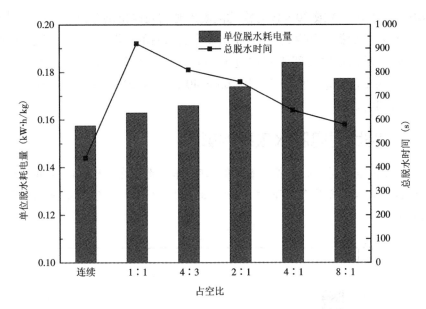

图5-47　占空比对单位脱水耗电量与总脱水时间的影响

如前文所述,间断供电主要利用泥饼中水分分布的梯度使阴极附近的水分自发向阳极方向回流,从而使水分分布均匀,减小电阻,增大电流,达到提升脱水效果的目的。从这个角度出发,更长的断电时间会使回流更加充分,脱水效果应该更好。然而由图5-46可知,结果并非如此,占空比从1:1到4:1的4组实验中断电时间依次缩短,脱水率却依次升高。下面从电流和温度的角度来解释这个现象。

图5-48~图5-51为在电压梯度为40 V/cm、单次供电时间为40 s的操作条件下,采用不同的占空比时,电流以及温度随时间的变化情况。为了便于观察,电流变化图中没有呈现暂停供电时电流为0的那部分时间。

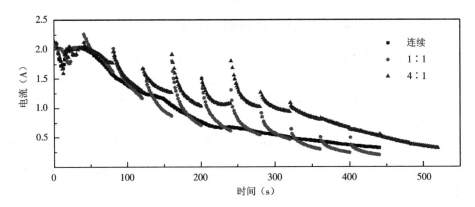

图5-48　不同占空比条件下电流随时间的变化情况(占空比为连续、1:1、4:1)

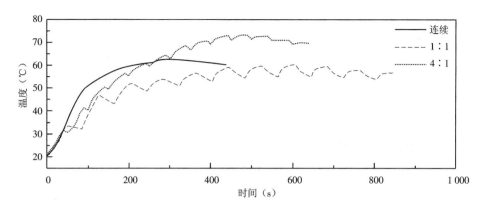

图 5 - 49　不同占空比条件下温度随时间的变化情况(占空比为连续、1:1、4:1)

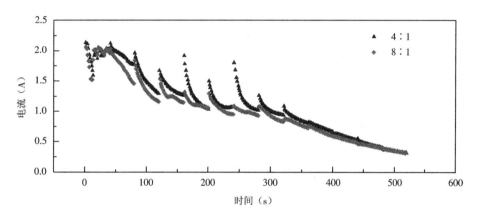

图 5 - 50　不同占空比条件下电流随时间的变化情况(占空比为 4:1、8:1)

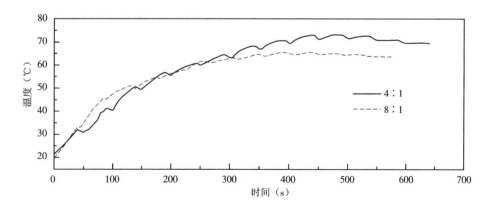

图 5 - 51　不同占空比条件下温度随时间的变化情况(占空比为 4:1、8:1)

由图 5-48 可以看出,间断供电的实验,在每次暂停供电之后电流都出现了明显的增大,并且电流在整体上明显大于连续供电的实验。在前几个供电周期,占空比为1∶1的实验中电流略大于占空比为4∶1的实验,这是因为更长的断电时间使回流更加充分。而从第四个周期开始,占空比为4∶1的实验的电流大于占空比为1∶1的实验。由图 5-49 可以看出,每组实验的温度都会随时间升高,在占空比为1∶1的实验中,由于断电时间长,每次断电之后温度都会大幅度下降,最终导致其能达到的最高温度在三组实验中最低。在占空比为4∶1的实验中,由于断电时间较短,温度的下降幅度并没有占空比为1∶1的实验那么大,而且由于电流大于连续供电实验,产生了较多的热量,导致温度上升幅度更大,最高温度可达到73.4 ℃,比连续供电实验的最高温度高出 10.6 ℃。占空比为4∶3、2∶1的实验与占空比为4∶1的实验的对比情况和占空比为1∶1的实验相似,在这里不再重复。

由图 5-50 可以看出,占空比为8∶1的实验中电流整体小于占空比为4∶1的实验,这是因为断电时间过短,泥饼中的水分回流不够充分,泥饼的电阻仍处在较高水平。由图 5-51 可以看出,在实验前期(4 个供电周期以内),占空比为8∶1的实验的温度略高于占空比为4∶1的实验,这是因为其断电时间更短,其间温度下降幅度更小。而在实验中后期,占空比为4∶1的实验的温度高于占空比为8∶1的实验,这是因为前者在实验过程中整体电流更大,从而产生了更多的热量。

可以推断,在采用间断供电形式的污泥电脱水过程中,占空比的大小直接影响着电流和温度的变化。在一定范围内,较长的断电时间可以使泥饼内的水分分布更加均匀,从而减小泥饼的电阻,获得更大的电流,对电脱水起到促进作用。另一方面,较长的断电时间会影响泥饼所能达到的最高温度,而温度决定了水分的黏滞性,温度越低黏滞性越高。从上文提到的污泥脱水速率模型可知,较高的黏滞性会影响电脱水的效果。此外,电流和温度之间还存在相互促进的关系,电流越大,热效应越强烈,温度上升越快;温度越高,断电时水分的回流速度越快,有利于泥饼中

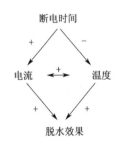

图 5-52　间断供电的污泥电脱水过程中参数间的相互影响示意

的水分均匀分布,减小泥饼的电阻。断电时间、电流、温度以及脱水效果之间的相互作用关系大致如图 5-52 所示。所以,占空比不宜过大也不宜过小,存在一个最优值。

5.4.4　单次供电时间对电脱水效果的影响

为了探究单次供电时间对污泥电脱水效果的影响,本节选取在电压梯度为40 V/cm、占空比为4∶1的操作条件下的四组实验结果进行分析。实验结果如图 5-53、

图 5 – 54 所示。

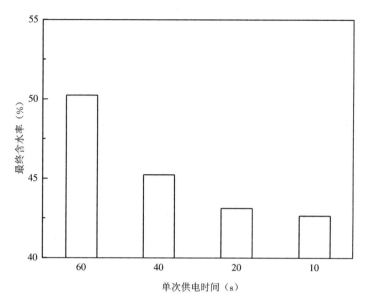

图 5 – 53　单次供电时间对污泥最终含水率的影响

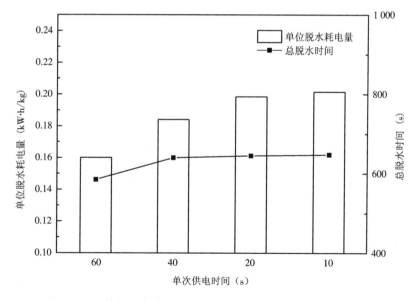

图 5 – 54　单次供电时间对单位脱水耗电量与总脱水时间的影响

由图 5 – 53 可以看出,当单次供电时间为 40 s、20 s、10 s 时,最终含水率均在 43% 左右,其中 20 s 和 10 s 这两组实验的最终含水率基本持平。当单次供电时间为 60 s 时,污泥的最终含水率较高,为 50.24%。由此可见,当单次供电时间在适宜范围内时,对脱水效果的影响不明显;当单次供电时间过长时,对污泥的脱水效果有明显的不利影响。这是因为当单次供电时间过长时,一方面泥饼水分分布的不均匀程度过大,会产生难以逆转的阳极干化现象;另一方面,占空比相同时,较长的单次供电时间意味着单次断电时间也较长,上文已经分析过,过长的断电时间会导致温度下降过多,不利于水分的脱出。

由图 5 - 54 可以看出,除了单次供电时间为 60 s 的实验总脱水时间较短,为 585 s,其他三组实验的总脱水时间基本持平,它们的总供电时间是完全相同的。在耗电量方面,脱水效果更好的实验脱出单位质量水分的耗电量更大。

5.4.5　电压梯度对电脱水效果的影响

为了探究电压梯度对污泥电脱水效果的影响,本节选取占空比为 4∶1,单次供电时间为 40 s,电压梯度为 30、40、50 V/cm 的操作条件下的三组实验结果进行分析。实验结果如图 5 - 55、图 5 - 56 所示。

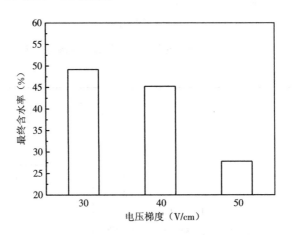

图 5 - 55　电压梯度对污泥最终含水率的影响

由图 5 - 55 可以看出,电压梯度为 30 V/cm 的实验的污泥最终含水率高于电压梯度为 40 V/cm 的实验,为 49.18%,而电压梯度为 50 V/cm 时,最终含水率出现了大幅度的下降,只有 27.81%。由图 5 - 56 可以看出,总脱水时间随电压梯度的增大出现了大幅下降,电压梯度为 50 V/cm 时,总脱水时间仅为 340 s,远少于电压梯度为 30 V/cm 时的 890 s。当电压梯度为 50 V/cm 时,单位脱水耗电量为 0.247 kW·h/kg,在能耗方面远高于低电压梯度时的值。

由实验结果可知,当电压梯度为 50 V/cm,采取连续供电的方式电脱水时,污泥的最终含水率为 52.36%,远高于间断供电时的 27.81%。为了探究电压梯度为 50 V/cm、间断供电时含水率较低的原因,本研究对其电流以及温度的变化情况进行了分析。

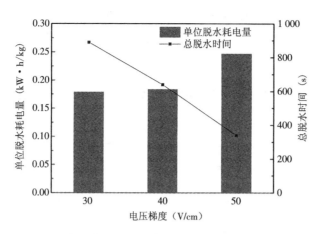

图 5 - 56　电压梯度对单位脱水耗电量与总脱水时间的影响

图 5 - 57 为电压梯度为 50 V/cm、单次供电时间为 40 s、占空比为 4∶1 时电流及温度随时间的变化情况。从实验结果可以看出,实验中前四个周期的实验现象与电压梯度为 40 V/cm 的实验相似,只是由于电压较大,电流有所增大,温度上升也更加迅速。当脱水时间达到 200 s 时,温度已经超过 100 ℃,随后经过 10 s 的暂停供电,再度供电时电流出现了大幅上升,达到 4.7 A,超过了之前的最大值。在实验过程中发现,此时反应器泥饼中的水分处于沸腾状态,出现明显的响声,渗滤液不再向下滴落,而是以水蒸气的形态向四周扩散。此时电流下降非常迅速,且再经过暂停供电后,电流再次大幅回升。这说明当温度超过 100 ℃,水分处于沸腾状态时,水分在供电时的脱除速率以及断电时的回流速率都明显大于普通状态。而当连续供电时,即

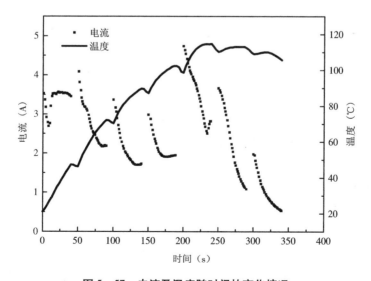

图 5 - 57　电流及温度随时间的变化情况

使电压为 50 V,由于电流迅速下降,最高温度也只能达到 74.7 ℃,可见只有在高电压梯度且间断供电的条件下才能出现这种现象。同时,由于这时大量的水分发生了相变,消耗了大量的潜热,所以脱除单位质量水分的耗电量也明显高于普通情况。

5.4.6　间断供电方式的耗电量分析

为了分析在间断供电的条件下,采用不同的操作参数时耗电量的变化情况,本节将电压梯度为 30、40、50 V/cm 时,不同的脱水条件下污泥最终总脱水量与单位脱水耗电量的对应情况汇总于图 5 – 58 中。

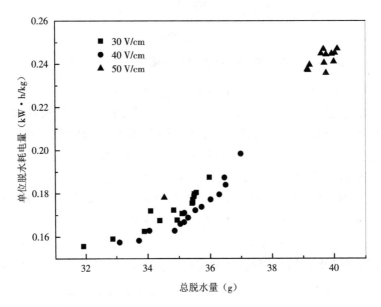

图 5 – 58　不同操作条件下单位脱水耗电量与总脱水量的对应情况

从实验结果可以看出,采用不同的电压梯度时,50 V/cm 的操作条件下的总脱水量最多,同时其脱除单位质量的水分所消耗的电能也远高于其他电压梯度的实验。当电压梯度为 40 V/cm 时,总脱水量比电压梯度为 30 V/cm 时略有提升,并且当总脱水量相同时,40 V/cm 的实验单位脱水耗电量较低,这个现象与连续供电的实验结论相反(如前所述,连续供电时,采用更大的电压梯度会造成更高的单位脱水耗电量)。出现这种现象可能是因为当电压梯度为 40 V/cm 时,泥饼的温度高于电压梯度为 30 V/cm 时的实验,水分具有更低的黏滞性,脱除水分的阻力更小,所以脱除相同量水分的耗电量更低。而当电压梯度为 50 V/cm 时,由于温度超过了 100 ℃,水分发生了沸腾,产生了相变,所以耗电量出现了大幅上升。

当电压梯度相同时,脱除单位水量所消耗的电能总是随总脱水量的增加而上升,出现这种现象主要有两个原因:①在电脱水过程中,靠近阴极的水分总是先被脱除,换句话说,脱除水分的总量越多就意味着有更多的离阴极较远的水分被脱除,从动力学的角度来看,为了脱除这些水分,驱动它们向阴极移动的电驱动力走了更多的位移,也就导致了需要更多的能量;②间断供电的原理是利用水分的回流使泥饼的水分分布均匀,更好的脱水效果意味着更多的水分回流,水分的回流与水分的脱除方向是相反的,而回流的水分最终也是要被脱除的,这等于变相地增加了电驱动力所走的位移,也就导致了需要更多的能量。

5.4.7　小结

(1)在间断供电的污泥电脱水实验中,通断电的占空比对污泥的脱水效果有较大的影响,为了保证电流和温度均处于较优状态,占空比不宜过大或过小,处于 0.25 左右时可使污泥含水率降至较低水平。

(2)单次供电时间对污泥的脱水效果存在一定影响,整体上随着单次供电时间的缩短,污泥最终含水率逐渐降低,当单次供电时间短于 20 s 时,最终含水率趋于稳定,继续减小此参数对脱水效果的影响不显著。

(3)电压在间断供电的污泥电脱水实验中对脱水效果影响明显,尤其是电压为 50 V 且采用适当条件的间断供电时,污泥泥饼的温度会高于 100 ℃,水分会出现沸腾的现象,水分的脱除速率以及回流速率都会大幅提升,最终含水率会达到 30% 以下,但同时耗电量也会大幅上升。

(4)通过本节的实验研究,将污泥电脱水间断供电的最佳运行参数定为单次供电 20 s、断电 5 s。

5.5　阳极材料的选择

本实验选择常压全量消解法对污泥样品进行处理,再采用原子吸收分光光度标准加入法进行测定分析[112,157-158]。

5.5.1　石墨板对污泥中重金属的影响

本研究考察惰性极板对污泥电脱水中重金属的影响,首先选择石墨电极(惰性)作为阳极材料,目的是防止选用金属板阳极而引起的阳极腐蚀对实验结果造成影响。实验中所采用的脱水时间为 90 s,机械压力为 12 kPa[130],工作电压分别为 30 V、40 V 和 50 V[159]。在这三种电压下,对电脱水后污泥中重金属含量以及电脱水液中重金属含量进行对比讨论,实验结果如图 5-59、图 5-60 所示。

从图 5-59 中可以看出,阳极使用惰性材料时,电脱水对污泥中重金属的去除是有效的,所测的五种重金属除了 Ni 之外,其他四种重金属含量都随工作电压增大呈

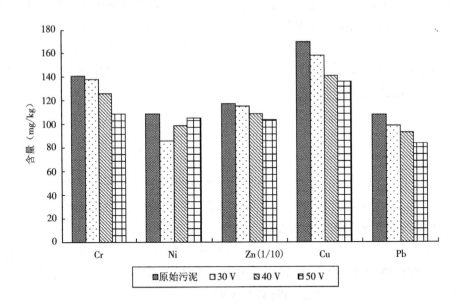

图 5 - 59　三种电压下污泥中重金属含量

注:Zn(1/10)表示图中数据需要乘以 10 才是实际的含量。

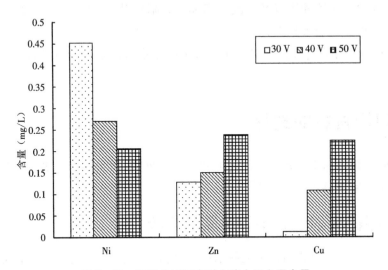

图 5 - 60　三种电压下电脱水液中重金属含量

注:原始污泥含水率为 83% ,实验条件均为 90 s、12 kPa。

下降的趋势;金属 Ni 的含量随工作电压增大呈上升的趋势,但仍低于原始污泥中 Ni 的含量。

根据图 5 - 60,Cr 和 Pb 在电脱水液中均未被检出,而脱水后所测电脱水液的 pH 值为 11 ~ 12,说明污泥中的 Cr 和 Pb 有可能在碱性环境中沉淀而富集在阴极上;

电脱水液中 Zn 和 Cu 的含量随着工作电压的增大而增大,对比其在污泥中的含量呈减小的趋势,说明有一部分 Zn 和 Cu 经电脱水作用从污泥中进入了水中;电脱水液中 Ni 的含量随工作电压的增大而减小,对比其在污泥中的含量呈增大的趋势,说明污泥中的 Ni 经电脱水作用后也会进入电脱水液中。

结合图 5 - 59 和图 5 - 60 可知,在惰性阳极下进行污泥电脱水有利于污泥中的金属 Cr 与 Pb 形成沉淀,而不会进入水体,工作电压越高,越有利于沉淀的生成。污泥中金属 Zn 和 Cu 的含量较电脱水前有所降低,污泥中的部分 Zn 和 Cu 会进入水体,并且随工作电压的升高而增加。而污泥中金属 Ni 的含量虽然较电脱水前有所降低,但会随着电压的增大而增大,说明电压越大越不利于 Ni 的析出。由于 Ni 为元素周期表中第Ⅷ族元素,在强碱环境中较为稳定,随着电压的升高,其碱性变强。于晓燕等[160]在之前的研究中认为,随着脱水的进行,阴极层逐渐富集了大部分来自阳极层的 Ni,故 Ni 难以随着水分被脱除,但这还有待进一步的研究证明。

在工作电压为 40 V 下,对电脱水前后污泥中的重金属含量进行数据对比,实验结果如表 5 - 12 所示。

表 5 - 12　原始污泥与 40 V 石墨阳极脱水后污泥中重金属含量对比

金属	Cr	Ni	Zn	Cu	Pb
原始污泥中重金属含量(mg/kg)	140. 91	108. 88	1 170. 5	169. 37	107. 88
40 V 脱水后污泥中重金属含量(mg/kg)	125. 72	98. 65	1 080. 9	141. 18	92. 73
分离百分比(%)	10. 78	9. 40	7. 65	16. 64	14. 04

注:原始污泥含水率为83%,实验条件均为90 s,12 kPa。

从表 5 - 12 中可以看出,阳极使用石墨(惰性)材料时,电脱水后污泥中的重金属含量低于原始污泥,说明电渗透脱水可以使污泥中的重金属含量降低,对污泥中的重金属起到分离作用。工作电压为 40 V 时,污泥中重金属 Cr、Ni、Zn、Cu、Pb 的分离百分比分别为 10.78%、9.40%、7.65%、16.64%、14.04%。

以上研究说明阳极使用惰性材料对电脱水作用下污泥重金属的分离有一定正面影响,并且增大电场电压可以增加重金属的分离量。

5.5.2　金属阳极的腐蚀

5.5.2.1　腐蚀速率

关于阳极板的腐蚀问题,首先需要弄清楚的是腐蚀速率与实验次数之间的关系,即随着实验的深入,腐蚀速率会发生怎样的变化。表 5 - 13 所示为五种常见的金属阳极板进行实验后的质量。

表 5 – 13　　每次实验后不同阳极质量　　　　　　　（g）

次数\板材	0	1	2	3	4	5	6	7	8	R^2
玫瑰金钛板	79.117 7	79.086 3	79.066 5	79.035 5	79.008	78.983 1	78.962 5	78.940 9	78.919 7	0.996 2
316 不锈钢板	98.150 9	98.125	98.106 5	98.083 6	98.057 6	98.032 4	98.008 5	97.985 1	97.961 2	0.998 8
304 不锈钢板	54.913	54.870 5	54.843 8	54.806 9	54.780 4	54.738 2	54.700 5	54.668 2	54.634 9	0.998 4
玫瑰金拉丝镀钛钢板	59.676 9	59.638 6	59.603 5	59.567 2	59.533 6	59.505 5	59.476 8	59.449 2	59.416 3	0.996 8
黑钛不锈钢板	32.796	32.765 6	32.740 9	32.714 1	32.687 4	32.662 9	32.636 4	32.610 5	32.579 8	0.998 5

注：原始污泥含水率为 83%，实验条件均为 90 s、12 kPa。

　　根据以上五种常见金属板材和一种特殊金属板材的特性，实验选用三种具有代表性的金属阳极板（镀铱钛板、黑钛不锈钢板、316 不锈钢板）进行电脱水实验，图 5 – 61 是阳极板的质量与实验次数的关系图。

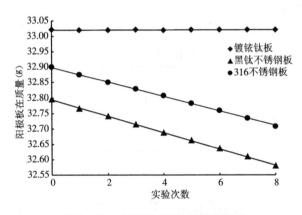

图 5 – 61　　金属阳极板的质量变化图

注：原始污泥含水率为 84%，实验条件均为 90 s、12 kPa

　　从表 5 – 13 中可以看出，五种常见金属阳极板的质量变化与实验次数呈线性关系，并且 R^2 值都在 0.99 以上，说明相关性很好。这个结论可以证明这五种阳极板反复实验是可行的。相比较而言，相关性最好的是 316 不锈钢板，其次是黑钛不锈钢板和 304 不锈钢板。

　　由图 5 – 61 可知，这三种金属阳极板质量的减小与实验次数基本上呈线性关系，可以证明金属阳极板反复实验是可行的。并且可以看出，黑钛不锈钢板和 316 不锈钢板曲线的斜率很大，相对容易被腐蚀。其他几种常见金属板材的腐蚀情况与黑钛不锈钢板和 316 不锈钢板大致相同，都比较不耐腐蚀，在这里就不详细介绍了。

5.5.2.2　腐蚀程度

下面讨论在不同的电压下,每种板材的腐蚀情况。同一块板材在同样的工况下反复实验 5 次,具体实验结果如表 5 - 14 所示。

表 5 - 14　每种板材单位面积上的质量损失　　　(g/m^2)

电压(V)	玫瑰金镀钛钢板	黑钛不锈钢板	316 不锈钢板	304 不锈钢板	玫瑰金拉丝镀钛钢板	镀铱钛板
30	9. 277 3	8. 082 0	7. 249 7	10. 783 6	10. 809 6	0. 296 5
40	9. 743 8	8. 619 2	7. 769 4	11. 160 3	11. 134 4	0. 359 2
50	10. 159 1	8. 885 1	7. 813 5	11. 639 4	11. 211 1	0. 385 6

注:实验条件均为 90 s、12 kPa,数据均为 5 次实验的平均数。

在污泥电脱水过程中,阳极处因水的电解产生 H^+,因此呈强酸性,不同程度地腐蚀了金属阳极。通过比较表 5 - 14 中的数据不难看出,在不同的电压下,相同材质的板材腐蚀程度是不同的。而在相同的工况下,不同材质的板材腐蚀程度也不同。经过比较发现,在常见金属板材(不包括镀铱钢板)中,316 不锈钢板在不同电压下的三组实验中,腐蚀程度均是最低的,其次是黑钛不锈钢板和玫瑰金镀钛钢板,而玫瑰金拉丝镀钛钢板和 304 不锈钢板的防腐蚀能力相对较弱。

图 5 - 62 为黑钛不锈钢板和镀铱钛板经 5 次电脱水前后的阳极实物照片,我们可以明显地看到黑钛不锈钢板发生了很严重的阳极腐蚀,电脱水后阳极板表面的一层镀金完全被腐蚀掉了。而镀铱钛板的表面虽有一点印记,但是没有被腐蚀。

5.5.3　常见金属阳极对污泥中重金属的影响

污泥电脱水时在污泥两端施加电场,阴、阳极之间会发生电化学反应,导致金属阳极板发生电化学腐蚀,使得金属阳极板中的重金属进入污泥中,造成污泥二次污染。

通过上述实验,可以证实在污泥电渗透脱水中确实存在金属阳极的腐蚀现象,故在电脱水技术中阳极板材的使用对污泥重金属控制及后续处理具有重要影响。为验证常见金属阳极板对污泥中重金属的影响,在上述研究的基础上本实验分别采用五种常见的金属板材作为阳极进行电脱水,然后对污泥中重金属的含量进行测定,对比结果见图 5 - 63 ~ 图 5 - 67。

(1)由图 5 - 63、图 5 - 64 可以看出,在脱水时间为 90 s、机械压力为 12 kPa 的实验条件下,用五种金属板材进行电脱水实验后,污泥中重金属 Cr、Ni 的含量会大幅增加,说明阳极板腐蚀的重金属 Cr、Ni 会进入污泥中,而且数量相当大。

由 Cr 的实验结果可知,在 40 V 的工况下,五种金属板材中黑钛不锈钢板的效果

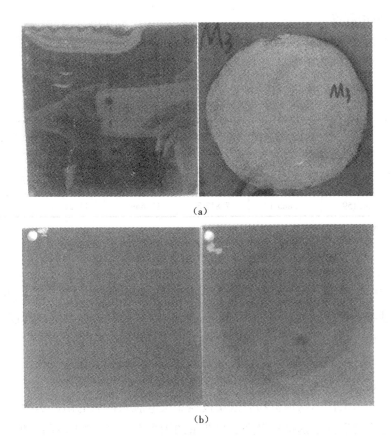

(b)

图 5-62　黑钛不锈钢板和镀铱钛板电脱水前后对比
(a) 黑钛不锈钢板　(b) 镀铱钛板

最好,重金属增加量最少,且同时满足绿化、农用和填埋标准。

由重金属 Ni 的实验结果看出:原始污泥中的 Ni 含量就相对较高,最高值已经超出了污泥绿化、农用标准;经过脱水实验后,污泥中重金属含量都不能满足绿化、农用和填埋标准,需要进行后续处理才能进行填埋或者再利用。但对比这五种板材,在40 V 的工况下,黑钛不锈钢板的效果最好,重金属增加量最少。

(2)由图 5-65 可以看出,用五种金属板材进行电脱水实验后,重金属 Cu 的含量都有所增加,但不像 Cr 和 Ni 的增加量那么多。由实验结果可知,阳极板腐蚀的重金属 Cu 会进入污泥中。由于每种板材中 Cu 的百分比不同,所以对比这五种金属板材会发现 316 不锈钢板的效果最好,重金属增加量最少;其次是黑钛不锈钢板。在40 V 的工况下,黑钛不锈钢板和 316 不锈钢板均能满足农用和绿化标准,也能满足填埋标准。

(3)由图 5-66 和图 5-67 明显看出,电脱水后污泥中 Zn 和 Pb 的含量基本保持不变或有所降低。所有板材进行实验后污泥中的重金属含量都满足绿化标准,故

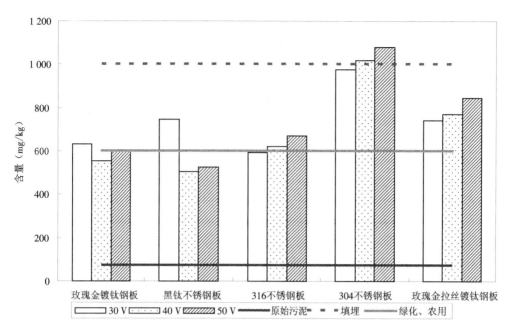

图 5 - 63　电脱水后 Cr 的含量

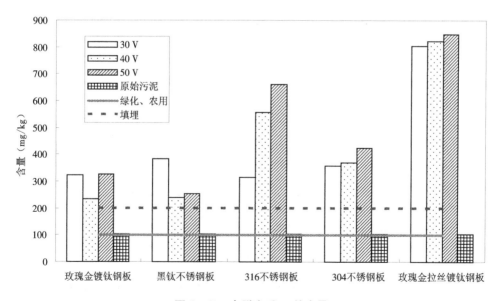

图 5 - 64　电脱水后 Ni 的含量

也能满足填埋标准。重金属 Pb 的含量满足农用标准,可以不再进行处理即可再利
用,而 Zn 需要进行处理才能达到农用标准。

进行电脱水实验后,污泥中重金属 Zn 的含量降低,而且基本随着电压的增大而

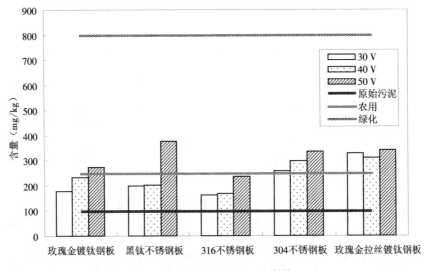

图 5 – 65　电脱水后 Cu 的含量

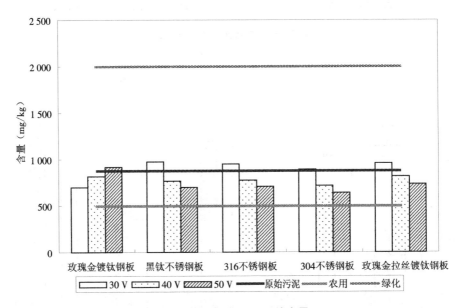

图 5 – 66　电脱水后 Zn 的含量

降低。玫瑰金镀钛钢板的值与其余板材差别较大,可能是由于板材中含有一定量的 Zn 元素,在腐蚀阳极的过程中,Zn 进入污泥,使得其含量增加。

污泥中重金属 Pb 的含量基本随着电压的增大而降低。由于实验后阴极网的质量会稍有增大,而电脱水滤液中也未检出 Pb,故重金属 Pb 可能在实验中与 OH⁻ 形成沉淀,聚集在阴极网上。图 5 – 67 表明,在 40 V 的工况下,黑钛不锈钢板的效果最明显,重金属 Pb 含量最少;在 50 V 的工况下,316 不锈钢板的效果最明显,Pb 含量最

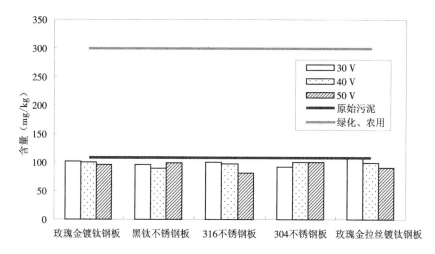

图 5 - 67　电脱水后 Pb 的含量

注:原始污泥含水率为 83% ,实验条件均为 90 s、12 kPa。"绿化""农用"和"填埋"标准分别为
《城镇污水处理厂污泥处置　园林绿化用泥质》(GB/T 23486—2009)、《农用污泥中污染物控制
标准》(GB　4284—2018)和《城镇污水处理厂污泥处置　混合填埋用泥质》(GB/T 23485—2009)中
各个污染物的标准值(土壤 pH <6.5)。

少。

综上所述,在用常见金属阳极板进行电脱水后,污泥中 Cr、Ni 和 Cu 的含量会随
着电压的增大呈增加的趋势;Zn 和 Pb 的含量会随着电压的增大呈减少的趋势。除
Ni 外的四种金属基本满足填埋标准,除 Pb 外的四种金属还需要进行后续处理才能
进行农用或绿化。对比五种板材和五种重金属,可以看出在 40 V 的工况下,黑钛不
锈钢金属板经电脱水后污泥中的重金属增加量较小,具有优势。

在上述研究的基础上择优选择,在 40 V 的电场电压下,阳极板分别采用 316 不
锈钢板、黑钛不锈钢板和玫瑰金镀钛钢板进行电脱水,然后对污泥中重金属含量进行
测定。具体实验结果如图 5 - 68 所示。

从图中可以看出,使用金属阳极板进行电脱水后,污泥中重金属 Cr、Ni 和 Cu 含
量都较脱水前大幅增加,可见阳极板的腐蚀不容忽视。因为不锈钢中含有较多的
Ni、Cr 元素以及少量的其他元素,故重金属 Cr 的增加尤为严重,电脱水后污泥中 Cr
含量比脱水前增加 5 ~6 倍;采用 316 不锈钢板进行电脱水后污泥中 Ni 含量增加 5 ~
6 倍,采用玫瑰金镀钛钢板与黑钛不锈钢板,Ni 含量增加相对偏少,为 2 ~3 倍;电脱
水后污泥中 Cu 的含量也有 1 ~2 倍的增加。相反,污泥中 Zn、Pb 的含量较脱水前基
本不变或略微降低,这是由于金属阳极板材中没有这两种元素,故而污泥中的含量没
有增加。由图 5 - 68 可知,使用这三种金属板材分别作为阳极进行电脱水实验后,以
黑钛不锈钢板作为阳板电脱水后的污泥中 Cr、Zn、Pb、Ni 含量较低,以 316 不锈钢板

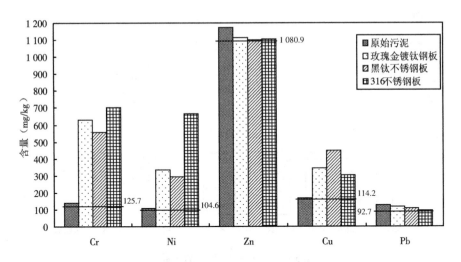

图 5 - 68　40 V 下采用三种不同板材电脱水后污泥中的重金属含量

注:原始污泥含水率为 84%,实验条件均为 90 s、12 kPa;

直线为采用石墨作为阳极时污泥中的重金属含量。

作为阳板电脱水后的污泥中 Cu 含量较低。

以重金属 Cr 为例(图 5 - 69),若采用石墨板(直线)作为阳极,可以分离污泥中的 Cr,但采用常见的金属阳极时,阳极腐蚀导致 Cr 的增加量远远大于原始污泥中 Cr 的含量。可以明显地看出金属阳极的腐蚀使污泥中重金属含量大大增加,采用黑钛不锈钢板和玫瑰金镀钛钢板作为阳极也是这样。

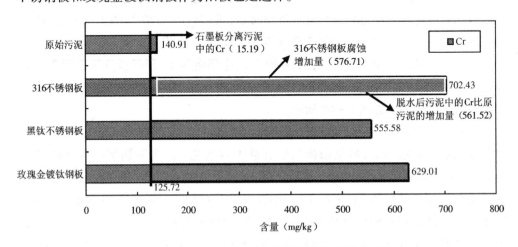

图 5 - 69　40 V 下采用三种不同板材的重金属 Cr 含量

以上研究内容可以证实,常见金属阳极会在污泥电脱水过程中产生很大的腐蚀,使污泥中重金属含量大大增加,造成污泥中重金属的二次污染。

综合以上研究内容,笔者选取电脱水后重金属增加量最少的 40 V 电场电压下的黑钛不锈钢板作为阳极进行实验,将电脱水后污泥中重金属含量与国家标准进行比较,如表 5 - 15 所示。表 5 - 15 表明,重金属 Cr、Cu 和 Pb 的含量均能满足这三项标准;重金属 Ni 的含量不满足填埋标准,必须经过严格的处理才能进行填埋或农用;重金属 Zn 的含量同时满足绿化、农用和填埋标准。采用其他常见金属阳极板材进行实验后的重金属增加量基本都大于黑钛不锈钢板,故有可能不满足国家标准。

表 5 - 15　40 V 下黑钛不锈钢板重金属含量对比　　　　　　　（mg/kg）

金属 标准	Cr		Ni		Zn		Cu		Pb	
	标准	测量	标准	测量	标准	测量	标准	测量	标准	测量
农用标准	500		100		1 200		500		300	
绿化标准	600	503.84	100	239.83	2 000	767.9	800	203.46	300	89.61
填埋标准	1 000		200		4 000		1 500		1 000	

注:"绿化""农用"和"填埋"分别为《城镇污水处理厂污泥处置　园林绿化用泥质》（GB/T 23486—2009 ）、《农用污泥中污染物控制标准》（GB 4284—2018)和《城镇污水处理厂污泥处置　混合填埋用泥质》（GB/T 23485—2009)中各个污染物的标准值(土壤 pH <6.5)。

5.5.4　镀铱钛板对污泥中重金属的影响

由图 5 -61、图 5 -62 和表 5 - 14 可以得知,用镀铱钛板做阳极时,镀铱钛板的质量随着电脱水实验次数的增加几乎不变,说明镀铱钛板很耐腐蚀。通过实验再次对阳极分别为镀铱钛板和石墨板(惰性)时进行电脱水后污泥中的重金属含量进行比较,如图 5 -70 所示。可以看出,采用镀铱钛板和石墨板电脱水后污泥中的重金属含量相差无几,都较原始污泥有所降低,故用镀铱钛板作为污泥电脱水的阳极材料确实可以有效地解决阳极腐蚀问题,避免重金属的二次污染。

5.5.5　金属阳极对污泥含水率的影响

以上研究证明了污泥电脱水技术采用镀铱钛板作为阳极时不发生腐蚀,污泥中的重金属含量也不会增加,而电渗透脱水作为新兴的污泥深度脱水处理技术,必须考虑脱水效果。本节主要讨论使用不同的阳极材料对污泥脱水效果的影响,具体的实验结果如图 5 -71 所示。

由图 5 -71 可知,当工作电压选用 40 V 时,电脱水后的污泥含水率最低。在40 V 的电场电压下,使用镀铱钛板作为阳极时,污泥的脱水效果最好,污泥的含水率由84%降到62.9%,体积减小56.76%,与石墨板阳极效果基本持平,说明镀铱钛板不但耐腐蚀,并且对污泥电脱水效果没有任何负面的影响。

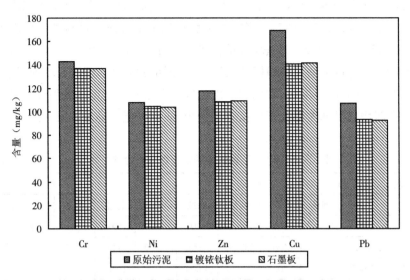

图 5 - 70　40 V 下采用镀铱钛板和石墨板时的重金属含量

注:原始污泥含水率为84%,实验条件均为 90 s、12 kPa。

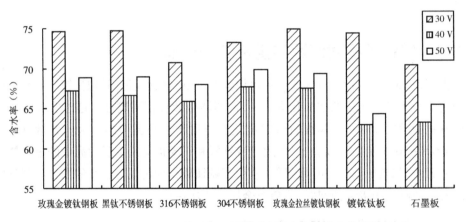

图 5 - 71　采用不同阳极材料的电脱水污泥含水率

注:原始污泥含水率为84%,实验条件均为 90 s、12 kPa。

5.5.6　耗电量

耗电量也是评价板材性能好坏的一个参数指标,它反映了板材的耗能情况。这不仅关乎经济性因素,还关乎节能环保和人类的可持续发展,所以耗电量是一个不容忽视的指标。

在本实验中,由于每次实验所取污泥量很少(一般为 20 g),所以板材的耗电情况需要换算成常用单位才有经济意义。根据脱水效果,实验选取 40 V、50 V 的工作电压处理 1 t 污泥,经过换算,每种板材的耗电情况如图 5 - 72 所示。

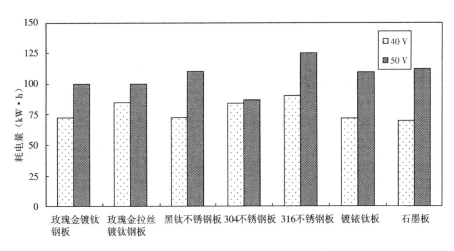

图 5 - 72　不同阳极材料的耗电量比较

注:原始污泥含水率为 82%,实验条件均为 90 s、12 kPa。

由图 5 - 72 可知,50 V 下的耗电量比 40 V 下的耗电量大。在电压为 40 V 时,石墨板和镀铱钛板的耗电量最少,为 70 kW·h/t,玫瑰金镀钛钢板和黑钛不锈钢板的耗电量次之,大约为 72 kW·h/t,玫瑰金拉丝镀钛钢板和 304 不锈钢板再次之;316 不锈钢板在 40 V 下的耗电量最大。电压为 50 V 时,耗电量最少的板材为 304 不锈钢板,其耗电量大约为 92 kW·h/t,其次是玫瑰金镀钛钢板,而 316 不锈钢板在 50 V 的条件下耗电量依然最大。

综合考虑每种板材在 40 V 和 50 V 下的耗电情况,发现耗电量较少的是在 40 V 工作电压下的石墨板和镀铱钛板,而 316 不锈钢板的耗电量是最大的。

5.5.7　小结

实验通过对比在惰性阳极和六种不同材质的金属活性阳极下电渗透脱水前后污泥中五种重金属(锌、铜、镍、铅、铬)的含量,得到如下结论。

(1)在惰性阳极下,电渗透脱水可以使污泥中的重金属含量降低,对污泥中重金属的分离起到正面作用。

(2)在金属阳极下,电渗透脱水技术存在不同程度的阳极腐蚀问题,阳极腐蚀质量与实验次数线性相关。

(3)采用常用金属板材作为阳极时,阳极的腐蚀情况严重,电脱水后污泥中的重金属增加,其中 Cr、Ni 含量大幅增长,Cu 含量有所增加,Zn、Pb 含量基本不变或略微降低。

(4)电脱水阳极选用镀铱钛板时,污泥中重金属含量都有所降低,结果与惰性电极(石墨板)基本相同,不发生腐蚀,并且不会对污泥的脱水效果产生负面影响。

（5）随着电脱水工作电压的增大,耗电量有所增加。阳极板材不同对耗电量的影响不大。当工作电压为40 V时,石墨板和镀铱钛板的耗电量最小,为70 kW·h/t。

5.6　阴极吸附辅助

在恒电压下,对于吸水材料辅助的电渗透脱水,脱水量(Q)和脱水时间(t)的关系如图5-73所示。从图上可以看到,吸水材料能显著提高污泥电渗透脱水效率。当有吸水材料辅助电渗透脱水时,dQ/dt和最大脱水量Q都比仅电渗透脱水情况下的相应值大。

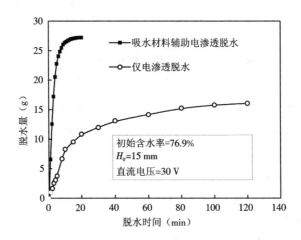

图5-73　在恒电压下吸水材料辅助电渗透脱水时脱水量随时间的变化

吸水材料辅助电渗透脱水时污泥最终含水率分布如图5-74所示。图中显示,与没有吸水材料的电渗透脱水相比,吸水材料辅助电渗透脱水时阴极附近污泥的含水率极大地降低,然而阳极附近污泥的含水率降低不多。吸水材料明显降低了整个污泥层的含水率。因此,吸水材料对改善电渗透脱水行为是非常有效的,可以加以应用。

吸水材料辅助电渗透脱水时污泥最终电压降分布如图5-75所示。与单独电渗透脱水相比,吸水材料辅助电渗透脱水时阳极附近的电压降较小。

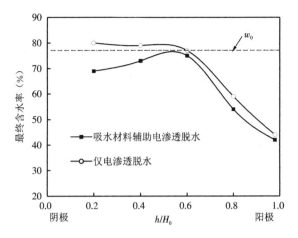

图 5 - 74　在恒电压下吸水材料辅助电渗透脱水时污泥最终含水率分布

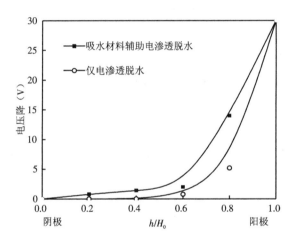

图 5 - 75　恒电压下吸水材料辅助电渗透脱水时污泥最终电压降分布

第6章 电脱水的主要设备形式与新设备开发

当前,在市场上得到应用的污泥电脱水设备主要有两种形式,分别是板框式和履带式,其中板框式以北京桑德集团有限公司的板框梯度压榨和电渗透耦合的板框压榨式电脱水设备为代表,履带式以天津万峰环保科技有限公司的转鼓和履带相结合的电脉动污泥脱水设备为代表。本书作者所在课题组也研究开发了新型的固定电极压送式污泥电脱水设备,并进行了实验室试验。

6.1 板框压榨式电脱水设备

基于双电层理论,将污泥置于平行的电场之间,在电场力作用下,污泥颗粒带负电向阳极富集,包裹它的水是极性分子,带正电,向阴极富集;在外加机械的强烈压榨下,实现泥水分离。这一泥水分离过程与平时的热干化不同,分离过程中没有相变,水在液态时与污泥颗粒实现固液分离。同时在电化学和电加热的共同作用下,泥饼温度升高(70~80 ℃),压力增大,污泥中的大部分病原微生物的细胞蛋白质发生变性,导致细胞死亡,细胞外的 EPS 完全脱落,EPS 中的水分在电场力的作用下分离,进一步降低污泥含水率。这种电渗透污泥高干脱水技术可将污泥的含水率由 80% 降到 40%,最大限度地脱除污泥中的水分,减量化达到 70%,并使污泥的热值大幅度提高,为后续污泥处置提供了良好的泥质保证。

图 6-1 为板框压榨式电脱水设备示意图,图 6-2 为板框压榨式电脱水设备实景图。设备的组成部分包括主机,滤室组件,阴阳极装置,液压系统,接液翻板,自动清洗、除垢系统,PLC 控制柜,还有进料、出料的收集、泵入,干泥饼的储存等所需的部件。

该设备的主要技术创新点有:采用板框梯度压榨和电渗透耦合,解决了泥饼受力小、含水率高的问题,将含水率降至 40%;采用静态铜排牵引电缆配电,解决电渗透设备普遍存在的虚接打火问题,提高了系统稳定性;采用低压开关电源,有效提高了电能转换效率,同时提高了系统安全性;改变阳极板尺寸,避免阳极板与动板直接接触,有效解决了阳极板脱落问题,同时保证了滤室与机架绝缘。

其工艺流程如图 6-3 所示。

其主要应用案例如下。

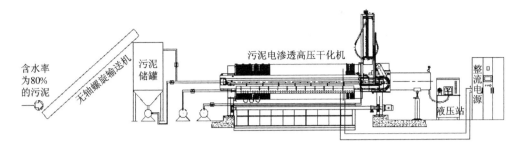

含水率
为80%
的污泥

污泥电渗透高压干化机

整流电源

液压站

图 6-1　板框压榨式电脱水设备示意

图 6-2　板框压榨式电脱水设备实景

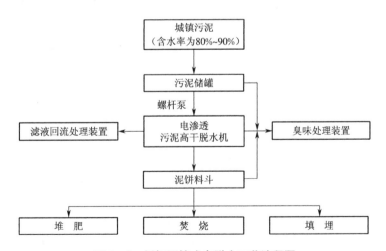

图 6-3　板框压榨式电脱水工艺流程图

1)咸宁甘源水务污泥脱水示范工程

项目位于湖北咸宁经济开发区温泉工业园,处理规模为 25 t/d,工程于 2014 年 9 月建成投产,脱水车间面积为 400 m²,配有 1 台干化设备,水耗为 3 t/d。

2)北京肖家河污泥深度脱水项目

北京肖家河污水处理厂污泥深度脱水项目占地 500 m²,处理规模为 70 t/d,配有 2 台干化设备,电耗为 80 ~ 120 kW·h/t。

3)亳州项目脱水泥饼 + 焚烧整体解决方案

项目位于安徽省亳州市谯城区,一期规模为垃圾 600 t/d + 污泥 100 t/d,工程于 2015 年 10 月建成投产,脱水车间面积为 900 m²,共有 4 台干化设备。经过干化后污泥热值较高,能够自持燃烧,因此送入生活垃圾焚烧炉最终协同处置是较为合理的选择。尾气达标排放,炉灰炉渣实现建材利用。

6.2 履带式电脉动脱水设备

如图 6 - 4 所示,含水率为 80% 的污泥通过污泥泵打入设备,先进入第一段——水活化、细胞破壁段,再进入第二段——电脉动脱水干化段,经过电脉动脱水后污泥含水率降到 60% 以下。

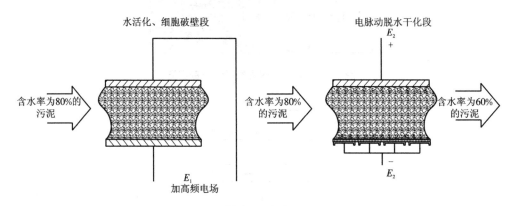

图 6 - 4 电脉动脱水原理

在第一段,利用高频纳秒脉冲打碎污泥中的水分子团簇,使其从由多个水分子组成的大分子团变成由更少的水分子组成的小分子团,小分子团的水具有更强的渗透力,有利于下一步利用电场进行脱水,减少电场脱水的电耗。

同时,高频尖脉冲电场也作用在污泥中活性细胞内的极性物质(胶体、极性水分子)上,使其剧烈震荡,细胞内能增加,压力增大,最终破裂,从而实现杀菌、破壁作用。细胞内的结合水由于细胞破裂而成为自由水,利于第二段干化脱水的进行。

经过第一段处理后污泥中的水分大部分以自由水、间隙水的形式存在。在第二段,通过直流叠加尖脉冲形成的直流脉动电场作用,使污泥粒子(带负电荷)和水分子(带正电荷)在电场中分别向正、负极移动,由于第一段的作用,水分子向负极(阴极)移动时的阻力减小,从而降低了脱水所需的能耗。

随着脱水的深入进行,污泥的含水率逐步降低,污泥的电导率也随之减小,污泥的导电能力逐渐下降,这时由于正、负电荷反向运动,在接近正、负极的地方会出现反相电荷的积累,逐步产生反电势;随着反电势的增大,污泥中的电场强度会逐步减小,脱水能力逐步下降。为此,在直流脉动电场中增加了反脉冲,有效地抑制了反电势的产生,提高了污泥脱水效率。图 6-5 和图 6-6 为履带式电脉动脱水设备实景图。

主要应用案例如下。

1)大港油田港东污水处理厂污泥无害化处理工程

处理规模为 20 t/d,主要为污水处理厂产生的活性污泥。进泥含水率为 80%,出泥含水率为 60%,最终用于土地改良。该工程竣工日期为 2010 年 12 月。

图 6-5　履带式电脉动脱水设备实景 1

2)中国石油集团大港油田港西污水处理厂工程污泥干化工程

处理规模为 20 t/d,主要为污水处理厂产生的脱水污泥。进泥含水率为 80%,出泥含水率为 60%,最终用于土地改良。该工程竣工日期为 2014 年 5 月。

图 6-6　履带式电脉动脱水设备实景 2

6.3　固定平板电极推送式电脱水设备

6.3.1　设备的主要构成

　　该脱水设备主要包括进泥系统、脱水单元和供电电源三大部分。进泥系统主要由一台单螺杆泵构成。单螺杆泵属于转子式容积泵,主要由一个定子(衬套)和一个转子(螺杆)组成。螺杆装入衬套后,螺杆表面与衬套内螺纹表面之间形成多个封闭的腔室,当螺杆泵运行时,转子不断地旋转运动,由于螺杆表面的螺纹是不均匀分布的,所以靠近液体进口处的第一个腔室的容积会逐渐变大,从而形成负压,液体在压差的作用下会被吸入此腔室。随着螺杆持续转动,腔室的容积不断增至最大后,这个腔室在衬套内部形成封闭状态,并将腔室内的液体沿轴向推向螺杆泵出口。在这个过程中,上、下两个腔室不断地交替吸入和排出液体,因此液体被连续不断地从吸入室沿轴向推向压出室。螺杆泵可以稳定、连续地输送液体,并能提供较高的机械压力。虽然85%含水率的污泥流体性质较差,但经实验验证,定制的专用螺杆泵可以完成污泥的输送过程。

　　脱水单元以一块U形的刚性塑料板作为主体,并在污泥通道顶部镶嵌阳极板,将多孔阴极板用螺丝固定于U形塑料板底部。通过静态实验发现,随着泥饼不断脱水,体积逐渐减小,导致泥饼与阳极板间产生缝隙,严重影响实验后期的脱水效果。为了解决这一问题,本研究将电渗脱水区中的有效污泥通道改造为高度从大到小的倾斜状态,改造后的污泥通道长40 cm,宽12 cm,入口处高度为1.5 cm,出口处高度为0.8 cm。这种形式的电渗脱水区有以下几个优点:①可以保持泥饼与极板间的紧密接触;②可以在一定程度上增大泥饼所受的机械压力;③通过减小出口处泥饼的厚度,可以减小靠近出口处的泥饼的电阻差距,使电流分布更加均匀。脱水区细节以及设备整体情况如图6-7所示。

6.3.2　连续供电的实验结果分析

　　本节将动态实验中的电压梯度和脱水时间作为变量,考察它们对污泥含水率、电流、温度、能耗的影响。通过调节电源电压使电压梯度达到30、40、50 V/cm,调节螺杆泵的转速使污泥的脱水时间达到4、6、8、10 min。下面分别对每种电压梯度下不同脱水时间的实验结果进行分析。

　　图6-8为连续供电条件下动态实验中的污泥最终含水率情况。需要说明的是,当电压梯度为50 V/cm,脱水时间达到8 min或者更长时,脱水设备在运行时会出现堵塞现象,污泥无法从出口处被输送出来,说明在电压梯度为50 V/cm的条件下,脱

(a)

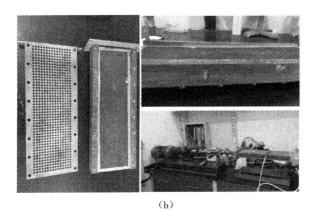

(b)

图 6 - 7 极板及设备实物

(a)脱水单元剖面图 (b)设备外观

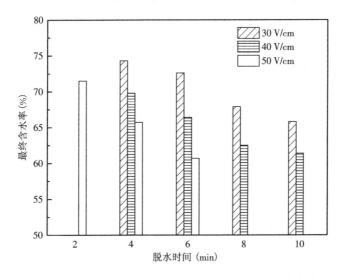

图 6 - 8 在三种电压梯度、不同脱水时间下的最终含水率

水时间不宜超过 6 min。为了保证实验的完整性,在此电压梯度下,选择脱水时间为 2 min 进行了实验。

实验结果表明,电压梯度的增大以及脱水时间的延长对污泥的脱水效果有明显的提升作用。当电压梯度为 30 V/cm,脱水时间为 4 min 时,仅能将污泥的含水率降到 74.3%,而当电压梯度增大至 40 V/cm 以上,脱水时间延长至 6 min 或者更长时,污泥的含水率可以降到 65% 以下。当电压梯度为 50 V/cm,脱水时间为 6 min 时,污泥的脱水效果最好,含水率可降至 60.7%,此时每吨初始含水率为 85% 的污泥可以脱除水分 618 kg,体积减小约 50%。

图 6-9 为动态实验中,在 30、40、50 V/cm 三种电压梯度下,采用不同脱水时间时电流和温度的变化情况。从实验结果可以看出,随着脱水时间(也就是污泥在设备中的停留时间)的延长,电流逐渐减小,这主要是因为更长的脱水时间会使电渗脱水区中每个点的污泥含水率处于更低的水平,导致泥饼整体的电阻增大,所以电流减小。以电压梯度为 40 V/cm 的实验为例,当脱水时间为 4 min 时,电流为 15.8 A,而当脱水时间为 10 min 时,电流减小至 13.3 A。

电脱水系统的温度在前两组实验中随着脱水时间的延长呈先上升后下降的趋势。在电压梯度为 40 V/cm 的实验中,脱水时间为 4 min 时,温度为 71.8 ℃,当脱水时间延长至 6 min 时,温度上升至 74 ℃,而当脱水时间达到 10 min 时,温度又下降至 70.7 ℃。出现这种现象是因为,污泥在脱水前温度较低,被输送进入电渗脱水区后会降低脱水系统的温度,而污泥的脱水时间越短,意味着污泥的流速越快,在相同的时间内有越多原始污泥被输送进入脱水区,这种降温趋势就越强烈,所以虽然此时的电流较大,但温度仍然较低;当脱水时间较长时,虽然污泥的流速较慢,但由于泥饼的电阻很大,电流较小,导致产生的热效应较为微弱,所以温度处于较低的水平。在电压梯度为 50 V/cm 的条件下,当污泥脱水时间为 6 min 时,温度达 93.7 ℃,过高的运行温度在实际应用中会影响设备的使用寿命。

随着电压梯度的增大以及脱水时间的延长,脱除单位质量的水分所消耗的能量逐渐增大,如图 6-10 所示。当电压梯度为 40 V/cm 时,在脱水时间为 4、6、8、10 min 的条件下,单位脱水耗电量分别为 0.159、0.163、0.180、0.201 kW·h/kg;脱水时间同为 6 min,在电压梯度为 30、40、50 V/cm 的条件下,单位脱水耗电量分别为 0.141、0.163、0.230 kW·h/kg。对照图 6-8 可以发现,电脱水过程的单位脱水耗电量和污泥的脱水率有着较高的相关性,和第 3 章的结论相吻合。值得注意的是,在电压梯度为 40 V/cm 的实验中,通电时间为 8 min 和 10 min 的最终含水率非常接近,分别为 62.5% 和 61.4%,只相差一个百分点,而它们的单位脱水耗电量有着较大的差距,所以通电时间为 8 min 的实验在能耗方面有着更好的表现。电压梯度为 30 V/cm,通电时间为 8、10 min 的实验也有类似的现象。出现这种情况是因为,当通电时间延长至 10 min 时,温度有了明显的下降,8 min 通电时间的实验有着更高的温度,所以水的黏滞性更弱,有利于水分的脱除。

综合考虑利用固定平板电极推送式污泥电脱水设备进行动态实验的脱水效果、

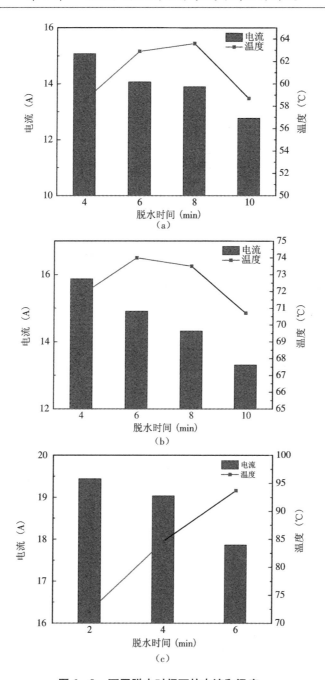

图 6 - 9　不同脱水时间下的电流和温度

(a)电压梯度为 30 V/cm　　(b)电压梯度为 40 V/cm

(c)电压梯度为 50 V/cm

脱水速率、电能消耗、运行温度以及运行的稳定性等情况,本研究认为电压梯度为 40 V/cm、脱水时间为 8 min 是较为适宜的操作条件。

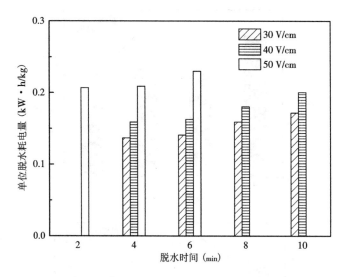

图 6-10 在三种电压梯度、不同脱水时间下的单位脱水耗电量

参考文献

［1］ 王显,徐志伟.生污泥质量与污水来源及其处理工艺的关系［J］.中国给水排水,1998(1):46-47.

［2］ 牛樱,陈季华.剩余污泥处理技术进展［J］.工业用水与废水,2000(5):4-6.

［3］ 戴晓虎.我国城镇污泥处理处置现状及思考［J］.给水排水,2012(2):1-5.

［4］ 余杰,田宁宁,王凯军,等.中国城市污水处理厂污泥处理、处置问题探讨分析［J］.环境工程学报,2007(1):82-86.

［5］ 文丰玉,唐植成.剩余污泥处理处置技术及展望［J］.绿色科技,2012(2):138-140.

［6］ 张辰.污泥处理处置技术与工程实例［M］.北京:化学工业出版社,2006:23-25.

［7］ MCGRATH S P. Metal concentrations in sludges and soil from a long-term field trial［J］. Journal of Agricultural Science,1984,103(1):25-35.

［8］ MCGRATH S P,CHANG A C,PAGE A L,et al. Land application of sewage sludge:scientific perspectives of heavy metal loading limits in Europe and the United States［J］. Environmental Reviews,1994,2(1):108-118.

［9］ DÉPORTES I,BENOIT-GUYOD J L,ZMIROU D. Hazard to man and the environment posed by the use of urban waste compost:a review［J］. Science of the Total Environment,1995,172(2-3):197.

［10］ GANTZER C,GASPARD P,GALVEZ L,et al. Monitoring of bacterial and parasitological contamination during various treatment of sludge［J］. Water Research,2001,35(16):3763-3770.

［11］ 王绍文,秦华.城市污泥资源利用与污水土地处理技术［M］.北京:中国建筑工业出版社,2007:7-8.

［12］ 毛华臻.市政污泥水分分布特性和物理化学调理脱水的机理研究［D］.杭州:浙江大学,2016.

［13］ KIM E H,CHO J K,YIM S. Digested sewage sludge solidification by converter slag for landfill cover［J］. Chemosphere,2005,59(3):387.

［14］ 胡玖坤,许景钢,张丹,等.污泥的处理方法和农用资源化展望［J］.东北农业大

学学报,2005,36(6):820-824.

[15] 周金倩.干化污泥对盐碱土改良及植物生长的影响初探[D].天津:天津理工大学,2014.

[16] 唐小辉,赵力.污泥处置国内外进展[J].环境科学与管理,2005,30(3):68-70.

[17] 水落元之,久山哲雄,小柳秀明,等.日本生活污水污泥处理处置的现状及特征分析[J].给水排水,2015(11):13-16.

[18] 王涛.污泥焚烧技术现状、存在问题与发展趋势[J].西南给排水,2007,29(1):7-11.

[19] SONG U,LEE E J. Environmental and economical assessment of sewage sludge compost application on soil and plants in a landfill[J]. Resources Conservation & Recycling,2010,54(12):1109-1116.

[20] 周润娟,张明.剩余污泥资源化利用技术研究进展[J].齐齐哈尔大学学报(自然科学版),2015,31(3):27-32.

[21] 杨丽标,邹国元,张丽娟,等.城市污泥农用处置研究进展[J].中国农学通报,2008,24(1):420-424.

[22] 李琼,华珞,徐兴华,等.城市污泥农用的环境效应及控制标准的发展现状[J].中国生态农业学报,2011,19(2):468-476.

[23] MURRAY A,HORVATH A,NELSON K L. Hybrid life-cycle environmental and cost inventory of sewage sludge treatment and end-use scenarios:a case study from China[J]. Environmental Science & Technology,2008,42(9):3163-3169.

[24] PETERS G M,ROWLEY H V. Environmental comparison of biosolids management systems using life cycle assessment[J]. Environmental Science & Technology,2009,43(8):2674-2679.

[25] VAXELAIRE J,CÉZAC P. Moisture distribution in activated sludges:a review[J]. Water Research,2004,38(9):2215-2230.

[26] LEE D J,LAI J Y,MUJUMDAR A S. Moisture distribution and dewatering efficiency for wet materials[J]. Drying Technology,2006,24(10):1201-1208.

[27] KOPP J,DICHTL N. Influence of the free water content on the dewaterability of sewage sludges[J]. Water Science & Technology,2001,44(10):177-183.

[28] KOPP J,DICHTL N. Prediction of full-scale dewatering results of sewage sludges by the physical water distribution[J]. Water Science and Technology,2001,43(11):135-143.

[29] BRITTON R. Reconciling fisheries with conservation：Proceedings of the Fourth World Fisheries Congress[J]. Freshwater Biology,2009,54(3):635 – 636.

[30] 基伊. 干燥原理及其应用[M]. 上海：上海科学技术文献出版社,1986:146 – 148.

[31] SHAO L,HE P P,YU G H,et al. Effect of proteins,polysaccharides, and particle sizes on sludge dewaterability[J]. Journal of Environmental Sciences,2009,21(1):83 – 88.

[32] SOBECK D C,HIGGINS M J. Examination of three theories for mechanisms of cation-induced bioflocculation[J]. Water Research,2002,36(3):527 – 538.

[33] HIGGINS M J,NOVAK J T. Dewatering and settling of activated sludges:the case for using cation analysis[J]. Water Environment Research,1997,69(2):225 – 232.

[34] ESMAEILY A. Dewatering,metal removal,pathogen elimination,and organic matter reduction in biosolids using electrokinetic phenomena[D]. Montreal：Concordia University, 2002.

[35] HUANG J. Development of an electrokinetic method of dewatering and upgrading sludge to class an excellent quality biosolids:comparison of aerobic and anaerobic municipal sludge[J]. Building Civil & Environmental Engineering,2006(12):18 – 19.

[36] 许金泉,程文,耿震. 隔膜式板框压滤机在污泥深度脱水中的应用[J]. 给水排水,2013,39(3):87 – 90.

[37] 熊伟. 板框压滤机在转炉污泥脱水中的应用[J]. 产业与科技论坛,2011, 10(16):75 – 76.

[38] 仲伟刚,王涛. 带式压滤机的结构设计对其处理能力的影响[J]. 中国给水排水,2003,19(3):90 – 92.

[39] 王凯,赵黎. 污泥螺旋压榨机的结构原理及应用[J]. 造纸科学与技术, 2016(4):64 – 65.

[40] 张念猛. 污泥压榨脱水系统的设计研究[D]. 淄博：山东理工大学,2016.

[41] WANG D Z,ZHOU L X,FENG H E. Studies on the enhancement of dehydration property of tannery sludge by bioleaching technique[J]. China Environmental Science,2006,26(1):67 – 71.

[42] LIAO B Q,ALLEN D G,DROPPO I G,et al. Surface properties of sludge and their role in bioflocculation and settleability[J]. Water Research,2001,35(2):339 –

0

350.

[43] 董立文. 城镇机械脱水污泥的电渗透深度脱水技术研究[D]. 北京:清华大学,2012.

[44] LEE J K,SHIN H S,PARK C J,et al. Performance evaluation of electrodewatering system for sewage sludges[J]. Korean Journal of Chemical Engineering,2002,19(1):41 –45.

[45] 凌莹. 电渗透脱水污泥干燥特性研究[D]. 天津:天津大学,2012.

[46] BARTON W A,MILLER S A,VEAL C J. The electrodewatering of sewage sludges[J]. Drying Technology,1999,17(3):498 –522.

[47] TUAN P,MIKA S,PIRJO I. Sewage sludge electro-dewatering treatment—a review[J]. Drying Technology,2012,30(7):691 –706.

[48] YOSHIDA H,KITAJYO K,NAKAYAMA M. Electroosmotic dewatering under A. C. electric field with periodic reversals of electrode polarity[J]. Drying Technology,1999,17(3):539 –554.

[49] LARUE O,VOROBIEV E. Sedimentation and water electrolysis effects in electrofiltration of kaolin suspension[J]. AIChE Journal,2004,50(12):3120 –3133.

[50] TUAN P A,JURATE V,MIKA S. Electro-dewatering of sludge under pressure and non-pressure conditions[J]. Environmental Technology,2008,29(10):1075 –1084.

[51] FERNANDEZ A,HLAVACKOVA P,POMÈS V,et al. Physico-chemical limitations during the electrokinetic treatment of a polluted soil[J]. Chemical Engineering Journal,2009,145(3):355 –361.

[52] ACAR Y B,ALSHAWABKEH A N. Principles of electrokinetic remediation[J]. Environmental Science & Technology,1993,27(13):2638 –2647.

[53] 钱婧婧. 污泥电脱水过程中重金属强化分离研究[D]. 天津:天津大学,2015.

[54] GLENDINNING S,MOK C K,KALUMBA D,et al. Design framework for electrokinetically enhanced dewatering of sludge[J]. Journal of Environmental Engineering,2010,136(4):417 –426.

[55] MAHMOUD A,HOADLEY A F A,CONRARDY J B,et al. Influence of process operating parameters on dryness level and energy saving during wastewater sludge electro-dewatering[J]. Water Research,2016(103):109 –123.

[56] SAVEYN H,VAN DER MEEREN P,PAUWELS G,et al. Bench- and pilot-scale sludge electrodewatering in a diaphragm filter press[J]. Water Science & Technol-

ogy,2006,54(9):53 - 60.

[57] 马德刚,张书廷,季民,等.污泥电渗透脱水操作条件的优化研究[J].中国给水排水,2005,21(5):36 - 38.

[58] YANG L, NAKHLA G, BASSI A. Electro-kinetic dewatering of oily sludges[J]. Journal of Hazardous Materials,2005,125(1 - 3):130 - 140.

[59] MAHMOUD A, OLIVIER J, VAXELAIRE J, et al. Electro-dewatering of wastewater sludge:influence of the operating conditions and their interactions effects[J]. Water Research,2011,45(9):2795 - 2810.

[60] LEE J K. Filter press for electrodewatering of waterworks sludge[J]. Drying Technology,2007,25(12):1985 - 1993.

[61] 赵娴.电脱水对城市污泥安全稳定性的影响研究[D].天津:天津大学,2014.

[62] CONRARDY J B, VAXELAIRE J, OLIVIER J. Electro-dewatering of activated sludge:electrical resistance analysis[J]. Water Research,2016(100):194 - 200.

[63] YU X Y,ZHANG S T,XU H,et al. Influence of filter cloth on the cathode on the electroosmotic dewatering of activated sludge[J]. Chinese Journal of Chemical Engineering,2010,18(4):562 - 568.

[64] CITEAU M,LARUE O,VOROBIEV E. Influence of salt,pH and polyelectrolyte on the pressure electro-dewatering of sewage sludge[J]. Water Research,2011,45(6):2167 - 2180.

[65] NAVAB-DANESHMAND T,BETON R,HILL R J,et al. Impact of joule heating and pH on biosolids electro-dewatering[J]. Environmental Science & Technology,2015,49(9):5417 - 5424.

[66] CITEAU M,LOGINOV M,VOROBIEV E. Improvement of sludge electrodewatering by anode flushing[J]. Drying Technology,2016,34(3):307 - 317.

[67] MA D G,LIN S,CUI C Y,et al. Application of weak ultrasonic treatment on sludge electro-osmosis dewatering[J]. Environmental Technology,2018,39(10):1340 - 1349.

[68] YOSHIDA H, YOSHIKAWA T, KAWASAKI M. Evaluation of suitable material properties of sludge for electroosmotic dewatering[J]. Drying Technology, 2013(31):775 - 784.

[69] VISIGALLI S,TUROLLA A,GRONCHI P,et al. Performance of electro-osmotic dewatering on different types of sewage sludge[J]. Environmental Research,2017(157):30 - 36.

[70] 董立文,汪诚文,张鹤清,等.电导率对城镇污泥电渗透脱水效果的影响[J].中国环境科学,2013,33(2):209-214.

[71] 卢宁,莫文宇,魏靖娟.硝酸钠强化污泥电渗透脱水的试验研究[J].中国给水排水,2012,28(1):68-70.

[72] TUAN P A,SILLANPÄÄ M. Effect of freeze/thaw conditions,polyelectrolyte addition,and sludge loading on sludge electro-dewatering process[J]. Chemical Engineering Journal,2010,164(1):85-91.

[73] SAVEYN H,PAUWELS G,TIMMERMAN R,et al. Effect of polyelectrolyte conditioning on the enhanced dewatering of activated sludge by application of an electric field during the expression phase[J]. Water Research,2005(39):3012-3020.

[74] 于晓艳,李英特,李登琨,等. 阳离子聚丙烯酰胺对污泥电渗透脱水特性的影响[J].中国给水排水,2019,35(23): 120-126.

[75] SMOLLEN M,KAFAAR A. Electroosmotically enhanced sludge dewatering:pilot-plant study[J]. Water Science and Technology,1994,30(8):159-168.

[76] 于晓艳,王润娟,支苏丽,等. 胞外聚合物 EPS 对生物污泥电渗透脱水特性的影响[J].中国给水排水,2012,28(15):1-5.

[77] MAHMOUD A,OLIVIER J,VAXELAIRE J,et al. Electrical field:a historical review of its application and contributions in wastewater sludge dewatering[J]. Water Research,2010,44 (8):2381-2407.

[78] 冯源.城市污水污泥电动脱水机理试验研究及多场耦合作用理论分析[D].杭州:浙江大学,2012.

[79] YU W,YANG J K,WU X,et al. Study on dewaterability limit and energy consumption in sewage sludge electro-dewatering by in-situ linear sweep voltammetry analysis[J]. Chemical Engineering Journal,2017(317):980-987.

[80] OLIVIER J,MAHMOUD A,VAXELAIRE J,et al. Electro-dewatering of anaerobically digested and activated sludges:an energy aspect analysis[J]. Drying Technology,2014(32):1091-1103.

[81] 李相俊.通过缩小正极和负极之间的间距实现节电的转鼓式电渗透脱水机:中国,CN102958850A[P]. 2013-03-06[2017-11-20].

[82] 柯忱.环形电场下城市污泥电脱水特性研究与设备开发[D].天津:天津大学,2014.

[83] ZHANG S T,YANG Z J,LV X B,et al. Novel electro-dewatering system for activated sludge biosolids in bench-scale, pilot-scale and industrial-scale applications

[J]. Chemical Engineering Research & Design,2017(121):44 – 56.

[84] YUKAWA H,YOSHIDA H,KOBAYASHI K,et al. Fundamental study on electroosmotic dewatering of sludge at constant electric current[J]. Journal of Chemical Engineering of Japan,1976,9 (5):402 – 407.

[85] YUKAWA H,YOSHIDA H,KOBAYASHI K,et al. Electroosmotic dewatering of sludge under condition of constant voltage[J]. Journal of Chemical Engineering of Japan,1978,11(6):475 – 480.

[86] WEBER M E,WITWIT S M,MUJUMDAR A S. A model for electroosmotic dewatering under constant voltage[J]. Drying Technology,1987,5 (3):467 – 474.

[87] YOSHIDA H. Electroosmotic dewatering process and design equations[J]. Drying Technology,1988,6(3):389 – 414.

[88] IWATA M,IGAMI H,HANSEM J A. Analysis of electroosmotic dewatering[J]. Journal of Chemical Engineering of Japan,1991,24(1): 45 – 50.

[89] CURVERS D,MAES K C,SAVEYN H,et al. Modelling the electro-osmotically enhanced pressure dewatering of activated sludge[J]. Chemical Engineering Science,2007,62(8):2267 – 2276.

[90] SAVEYN H,VAN DER MEEREN P,HOFMANN R,et al. Modelling two-sided electrofiltration of quartz suspensions:importance of electrochemical reactions[J]. Chemical Engineering Science,2005,60(23):6768 – 6779.

[91] LARUE O,WAKEMAN R J,TARLETON E S,et al. Pressure electroosmotic dewatering with continuous removal of electrolysis products[J]. Chemical Engineering Science,2006,61(14):4732 – 4740.

[92] 于晓艳.生物污泥的电渗透高干脱水[D].天津:天津大学,2010.

[93] BART P,RAF D,JAN F,et al. Using a shear test-based lab protocol to map the sticky phase of activated sludge[J]. Environmental Engineering Science,2011,28 (1):81 – 85.

[94] 吴兆晴.污泥粘壁影响因素实验探索及粘壁机理分析[D].天津:天津大学,2007.

[95] GRAY N F. Biology of wastewater treatment[M]. London:Imperial College Press,2004.

[96] DIGNAC M F,URBAIN V,RYBACKI D,et al. Chemical description of extracellular polymers:implication on activated sludge floc structure[J]. Water Science and Technology,1998,38(8 – 9):45 – 53.

[97] 张景成,才亮,杨雷.电渗透污泥干化技术[J].水工业市场,2010(7):38-41.

[98] 方静雨.污泥干燥机理试验研究[D].杭州:浙江大学,2011.

[99] LE'ONARD A,MENESES E,TRONG E L,et al. Influence of back mixing on the convective drying of residual sludge in a fixed bed[J]. Water research,2008(42): 2671-2677.

[100] 周加祥,余鹏,刘铮,等.水平电场污泥脱水过程[J].化工学报,2001,52 (7): 635-638.

[101] SAVEYN H,CURVERS D,PEL L,et al. In situ determination of solidosity profiles during activated sludge electrodewatering[J]. Water Research,2006,40(11): 2135-2142.

[102] MA D G,ZHANG S T. Control of sludge-to-wall adhesion by applying a polarized electric field[J]. Drying Technology,2007,25(4):639-643.

[103] CHU C P,LEE D J,LIU Z,et al. Morphology of sludge cake at electro-osmosis dewatering[J]. Separation Science and Technology,2004,39(6):1331-1346.

[104] ZHOU J X,LIU Z,SHE P. Water removal from sludge in a horizontal electric field [J]. Drying Technology,2001,19(3-4):627-638.

[105] 马学文.城市污泥干燥特性及工艺研究[D].杭州:浙江大学,2008.

[106] 刘凯.污泥干燥和热重实验及动力学模型分析[D].广州:华南理工大学, 2011.

[107] 谭启玲,胡承孝,赵斌,等.城市污泥的特性及其农业利用现状[J].华中农业大 学学报,2002,21(6):587-592.

[108] 郭淑琴,胡大卫,王宏.天津市咸阳路污水处理厂工艺设计及特点分析[J].给 水排水,2006,32(10):5-8.

[109] 马海涛.城市污泥中重金属形态分布及淋溶特性研究[D].南京:河海大学, 2007.

[110] TIEHM A,LOHNER S T,AUGENSTEIN T. Effects of direct electric current and electrode reactions on vinyl chloride degrading microorganisms[J]. Electrochemica Acta,2009,54(12):3453-3459.

[111] 刘广容,叶春松,钱勤,等.电动生物修复底泥中电场对微生物活性的影响[J]. 武汉大学学报,2011,57(1):47-51.

[112] 中华人民共和国建设部标准定额研究所. CJ/T 221—2005　城市污水处理厂 污泥检验方法[S].北京:中国标准出版社,2006.

[113] 张招贤,赵国鹏,罗小军,等. 钛电极学导论[M]. 北京:冶金工业出版社,

2008.

[114] 王丽艳,王宝辉,吴红军,等.阳极涂层的研究进展[J].化学工业与工程,2009,26（2）:176-180.

[115] 张招贤.钛阳极活性涂层组分改进[J].氯碱工业,2008,44（5）:13-14.

[116] 唐电.钛阳极的制备及其纳米结构涂层的分析[J].中国有色金属学报,1996,6（1）:89-92.

[117] 李辉,吴建华,齐公台.RuTiSnMn/Ti 阳极的电化学性能[J].中国腐蚀与防护学报,2004,24(5):280-283.

[118] 黄永昌.钛基金属氧化物电极[J].腐蚀与防护,1999,20(5):251.

[119] 石绍渊,孔江涛,朱秀萍,等.钛基Sn或Pb氧化物涂层电极的制备与表征[J].环境化学,2006,25（4）:429-433.

[120] 向前,黄永昌,卢洪,等.改性二氧化铱电极研制[J].无机盐工业,1998,30（3）:16-17.

[121] 龚竹青,欧阳全胜,祝永红,等.钛基形稳阳极的制备方法及其应用[J].稀有金属与硬质合金,2005,33(3):46-50.

[122] 王清泉.钛基金属氧化物-稀土阳极涂层的制备及性能[D].大连:大连理工大学,2006.

[123] KEIDING K,NIELSEN P H. Desorption of organic macromolecules from activated sludge:effect of ionic composition[J]. Water Research,1997,31（7）:1665-1672.

[124] KONDOH S,HIRAOKA M. Commercialization of pressurized electro-osmotic dehydrator(PED)[J]. Water Science and Technology,1990,22(12):259-268.

[125] YUKAWA H,CHIGIRA H,HOSHINO T,et al. Fundamental study of electroosmotic filtration[J]. Journal of Chemical Engineering of Japan,1971,4(4):370-376.

[126] YOSHIDA H,SHINKAWA T,YUKAWA H. Water content and electric potential distributions in gelatinous bentonite sludge with electroosmotic dewatering[J]. Journal of Chemical Engineering of Japan,1985,18(4):337-342.

[127] REDDY K R,URBANEK A,KHODADOUST A P. Electroosmotic dewatering of dredged sediments:bench-scale investigation[J]. Journal of Environmental Management,2006,78(2):200-208.

[128] HONG S, RYU C, KO H S, et al. Process consideration of fry-drying combined with steam compression for efficient fuel production from sewage sludge[J]. Applied Energy, 2013, 103:468-476.

［129］ZHANG B G,LI L,ZHANG Z T,et al. Experimental study on sludge drying rate and energy consumption［J］. Drying Technology & Equipment,2007,5（5）: 220 - 224.

［130］LOCKHART N C. Electroosmotic dewatering of clays, III. Influence of clay type, exchangeable cations and electrode materials［J］. Colloids and Surfaces, 1983, 6 （3）: 253 - 269.

［131］LARUE O, MOUROKO-MITOULOU T, VOROBIEV E. Filtration, cake washing and pressurised electroosmotic dewatering of a highly conductive silica suspension ［J］. Transactions of the Filtration Society,2001,1（2）:31 - 37.

［132］张招贤. 钛电极 40 年［J］. 氯碱工业,2007,43（1）:15 - 22.

［133］张招贤. 涂层钛阳极的应用［J］. 钛工业进展,2004,21（2）:41 - 44.

［134］张招贤. 涂层钛电极的研究和应用［J］. 稀有金属快报,2004,23（4）:1 - 7.

［135］TIEHM A, NICKEL K, ZELLHORN M, et al. Ultrasonic waste activated sludge disintegration for improving anaerobic stabilization［J］. Water Research, 2001, 35 （8）:2003 - 2009.

［136］WANG F, JI M. Influence of ultrasonic disintegration on the dewaterability of waste activated sludge［J］. Environmental Progress,2006,25（3）:257 - 260.

［137］MURALIDHARA H S, CHAUHAN S P. Electro-acoustic dewatering(EAD) a novel approach for food processing and recovery［J］. Separation Science and Technology,2006,23（12）:2143 - 2158.

［138］冯源,詹良通,陈云敏. 城市污泥电渗脱水实验研究［J］. 环境科学学报,2012, 32（5）:1081 - 1087.

［139］YU X Y, ZHANG S T, ZHENG L, et al. Mathematical model for electroosmotic dewatering of activated sludge［J］. Transactions of Tianjin University,2011,17（1）: 39 - 44.

［140］董立文,张鹤清,汪诚文,等. 造纸污泥的电渗透脱水效果［J］. 环境工程学报, 2012,6（11）:4185 - 4190.

［141］BOHM N, KULICKE W M. Optimization of the use of polyelectrolytes for dewatering industrial sludge of various origins［J］. Colloid and Polymer Science,1997, 275（1）:73 - 81.

［142］CHRISTENSEN J R, SORENSEN P B, CHRISTENSEN G L, et al. Mechanisms for overdosing in sludge conditioning ［J］. Journal of Environmental Engineering, 1993,119（1）:159 - 171.

[143] YU X,SOMASUNDARAN P. Enhanced flocculation with double flocculants[J]. Colloids and Surfaces A:Physicochemical and Engineering Aspects,1993,81(12): 17 – 23.

[144] CHITIKELA S,DENTEL S. Dual chemical conditioning and dewatering of anaerobically digested biosolids:laboratory evaluations [J]. Water Environment Research,1998,70 (5):1062 – 1069.

[145] LEE C H,LIU J C. Enhanced sludge dewatering by dual polymer conditioning[J]. Water Research,1993,34 (18):53 – 57.

[146] MILLER S,SACCHETA C, VEAL C. Electrodewatering of waste activated sludge [C]// Proceedings of the AWWA 17th Federal Convention. Melbourne:American Water Works Association,1997:302 – 308.

[147] SNYMAN H G,FORSSMAN P,KAFAAR A,et al. The feasibility of electro-osmotic belt filter dewatering technology at pilot scale[J]. Water Science and Technology, 2000,41(8):137 – 144.

[148] YEN P S,LEE D J. Errors in bound water measurements using centrifugal settling method[J]. Water Research,2001,35(16):4004 – 4009.

[149] ERDINCLER A,VESILIND P A. Effect of sludge cell disruption on compactibility of biological sludges[J]. Water Science and Technology,2000,42(9):119 – 126.

[150] LEE D J. Measurement of bound water in waste activated sludge:use of the centrifugal settling method[J]. Journal of Chemical Technology and Biotechnology, 1994,61(2):139 – 144.

[151] 莫剑雄,刘淑敏. 膜流动电势的有关理论及测量方法[J]. 水处理技术,1991,17 (3):153 – 160.

[152] AGERBAEK M L,KEIDING K. Streaming potential during cake filtration of slightly compressible particles[J]. Journal of Colloid and Interface Science,1995,169 (2):342 – 355.

[153] HIEMENZ P C,RAJAGOPALAN R. Principles of Colloid and Surface Chemistry [M]. New York:CRC Press,1997.

[154] SZYMCZYK A, FIEVET P, FOISSY A. Electrokinetic characterization of porous plugs from streaming potential coupled with electrical resistance measurements[J]. Journal of Colloid and Interface Science,2002,255(2):323 – 331.

[155] WENG C H, LIN Y T, YUAN C,et al. Dewatering of bio-sludge from industrial wastewater plant using an electrokinetic-assisted process:effects of electrical gradi-

ent[J]. Separation and Purification Technology,2013,117:35 – 40.

[156] 苑梦影. 基于渗流理论污泥电脱水模型的构建[D]. 天津:天津大学,2015.

[157] DONG R J. FAAS determination of copper, zinc, cadmium, lead and nickel in muddy soil[J]. Physical Testing and Chemical Analysis,2002,38(10):500 – 501.

[158] 麻丽华. 原子吸收法对污泥中重金属含量的检测[J]. 内江科技,2006(5):110 – 111.

[159] 马德刚,裴杨安,赵娴,等. 吸附分离辅助下污水污泥的电脱水技术[J]. 天津大学学报,2013,46(12):1101 – 1105.

[160] YU X Y,ZHI S L,ZHANG S T,et al. Characteristics of sludge during electroosmotic dewatering assisted by absorptive separation[J]. Chinese Journal of Environmental Engineering,2012,6(8):2853 – 2858.